1+X 职业技能等级证书教材

冶金机电设备点检

初级

有色金属工业人才中心
组织编写

化学工业出版社

· 北 京 ·

内 容 简 介

本书是"冶金机电设备点检（初级）"1+X 职业技能等级证书的考试用书，是由冶金机电设备点检职业技能等级标准的建设主体机构组织编写。书中内容依据 1+X 冶金机电设备点检职业技能等级标准（初级），以典型工作任务为载体培养学生的操作技能、心智技能及职业素养。本书共分基础、实践、实训三篇。为方便学习，配套视频讲解，可扫描书中二维码观看。

本书可作为 1+X 证书考核强化培训教材，也可作为职业院校 1+X 课证融通和模块化教学教材，适合相关专业学生和有相关需求的技术人员使用。

图书在版编目（CIP）数据

冶金机电设备点检：初级 / 有色金属工业人才中心
组织编写 . -- 北京：化学工业出版社，2025. 7.
(1+X 职业技能等级证书教材). -- ISBN 978-7-122
-48124-5

Ⅰ. TF3
中国国家版本馆 CIP 数据核字第 2025MK3873 号

责任编辑：韩庆利   文字编辑：宋 旋
责任校对：张茜越   装帧设计：刘丽华

出版发行：化学工业出版社
    （北京市东城区青年湖南街 13 号 邮政编码 100011）
印 装：大厂回族自治县聚鑫印刷有限责任公司
787mm×1092mm 1/16 印张 16¼ 字数 329 千字
2025 年 10 月北京第 1 版第 1 次印刷

购书咨询：010-64518888   售后服务：010-64518899
网 址：http：//www.cip.com.cn
凡购买本书，如有缺损质量问题，本社销售中心负责调换。

定 价：58.00 元   版权所有 违者必究

编写人员名单

主 编 孙 杰 李 夜 刘九青
副主编 吕春华 张利文 王 一 肖 鹏
参 编 吴立凡 刘 磊 张书春 金亚婷 谢天舒
　　　　 唐 健 闫秀丽 周 慧 才 奕 王 鹏
　　　　 高 雪 李小利 杨 璐 李雅轩 郝云柱
　　　　 陈昱玲

编者介绍：

包头钢铁职业技术学院：孙杰、李夜、吕春华、张利文、吴立凡、刘磊、张书春、金亚婷、谢天舒、唐健、闫秀丽、周慧

中国铁路呼和浩特局集团有限公司包头供电段：才奕

山东星科智能科技股份有限公司：王一、王鹏、高雪

包钢股份炼铁厂：李小利

有色金属工业人才中心：刘九青、肖鹏、杨璐、李雅轩、郝云柱、陈昱玲

前言

设备点检是一种先进的设备维护管理制度，是设备管理由"事后维修"进入"预防维修"的重大转变，实现防患于未然，提高了设备管理的现代化水平。设备点检员在我国是一种新职业。随着我国科学技术和科技创新能力的日益发展，智能制造步伐日益加快，企业对机电设备运转的连续性和稳定性的要求不断提高，对设备点检人员的素质、知识、技能水平要求不断提高。

1+X证书制度彰显了职业教育的类型特征，将学历证书和技能等级证书相结合，既满足了学校和学生需求，又满足了社会用人需求，创新了中国特色职业教育发展模式，对于培养高素质复合型人才、能工巧匠、大国工匠，具有重要意义。

《冶金机电设备点检》（初级）是服务于1+X冶金机电设备点检职业技能等级初级培训、教学、考核的重要指导材料。由有色金属工业人才中心组织行业与企业设备管理专家、院校骨干教师等多领域专家共同参与开发。

本书按照新形态一体化教材要求编写，遵循"工作过程导向、任务驱动、教学做一体、工学结合"的原则，依据1+X冶金机电设备点检职业技能等级标准（初级），以典型工作任务为载体，同时提供了实训篇考核视频，让学习者在模拟真实工作场景的过程中，逐步掌握点检工作的核心技能，全面培养高素质的初级冶金机电设备点检人才。

本书分"基础篇""实践篇""实训篇"三个篇章。各篇章重点内容如下。

1. 基础篇：涵盖认识设备点检、认识冶金工业、认识工程制图。

2. 实践篇：涵盖机械设备点检管理、电气设备点检管理。

3. 实训篇：涵盖机械单元、电气单元、仪器单元的实操考核演练。帮助学习者掌握点检、维护维修的基本流程和方法，点检过程中的设备异常工况的初步判断，常见设备的综合维护与保养的方法，设备管理与优化流程和方法等。

本书不仅是1+X证书考核强化培训教材，亦是职业院校1+X课证融通、模块化教学教材。需要强调一点：本书重点不在"冶金"，而在"设备点检"，对应职业涉及行业领域包括但不仅限于冶金行业。因此，本书适用于机电、机械、电气等相关专业的院校学生及从事相关设备操作的企业职工。

由于编者水平有限，书中不妥之处在所难免，恳请读者批评指正。

编 者

目录

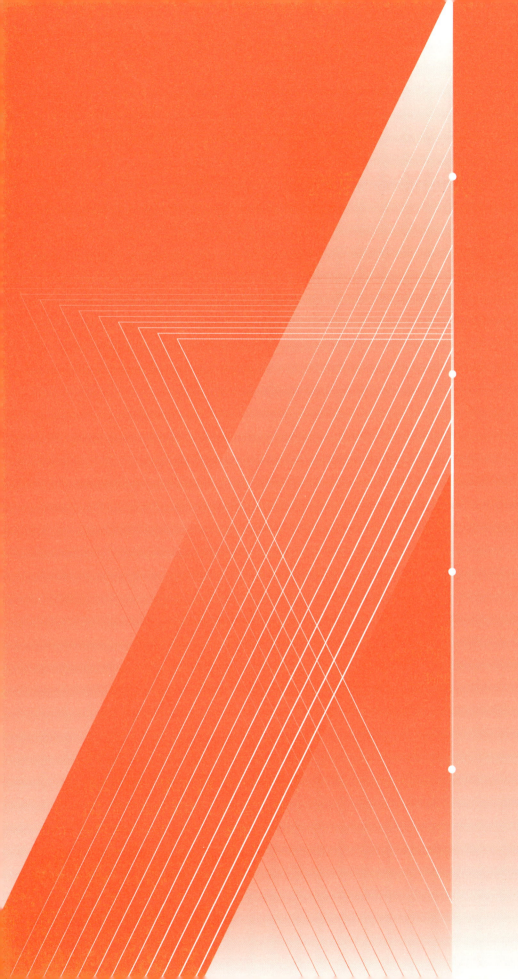

基础篇

项目1 认识设备点检

任务 1 设备管理

任务 1.1 认识设备管理

 任务目标

1. 了解设备管理方式的演变。
2. 了解设备基础信息的管理。
3. 掌握设备管理的概念及主要内容。

素质目标

1. 培养安全管理意识。
2. 培养责任感与团队精神。
3. 提升沟通与协调能力。

任务引入

现代设备管理是以设备为研究对象，追求设备综合效率，应用一系列理论、方法，通过一系列技术、经济、组织措施，对设备的物质运动和价值运动进行全过程（从规划、设计、选型、购置、安装、验收、使用、保养、维修、改造、更新直至报废）的科学型管理。请完成下列任务：

说说设备基础信息管理的内容。

知识链接

设备管理就是以设备一生为出发点，把设备这个系统的人力、物力、财力、信息和资源等，通过计划、组织、指挥、协调和控制的管理功能，最有效地发挥出来，以达到设备寿命周期费用最经济、综合效率最高的目标。

1. 设备管理的基本任务

设备管理的基本任务应包含技术、经济和管理三方面的内容。

技术方面：确保设备的技术状况不下降或得到改善，确保设备在定修周期内无故障运行。

经济方面：是对设备运行的经济价值的考核，从费用角度控制管理活动，使设备寿命周期内的经济效益最大化。

管理方面：是从管理等软件的措施方面控制，即从人的角度控制管理活动。

2. 设备管理在企业生产经营中的地位和作用

① 企业生产经营管理的基础工作。
② 企业产品质量的保证。
③ 提高企业经济效益的重要途径。
④ 搞好安全生产和环境保护的前提。
⑤ 企业长远发展的重要条件。

3. 设备管理方式演变

（1）事后维修阶段

机器坏了才修理，不坏不修，称作事后维修。

（2）预防维修阶段

为防止故障、减少损失，以日常检查和定期检查为基础，从日常及定期检查中，了解设备实际状况，以设备状况为依据组织修理工作，以避免事故的突然发生，称作预防维修。

（3）生产维修阶段

生产维修是一种在保证生产的前提下讲究设备维修经济效果的维修制度，其实质是事后维修、预防维修、改善维修和维修预防的有机结合。

（4）设备综合管理阶段

体现设备综合管理思想的两个典型代表分别是"设备综合工程学"和"全员生产维修制"。

设备综合工程学：1971年，英国的丹尼斯·帕克斯提出了设备综合工程学理论，提出以设备寿命最经济为目标，综合了相关的工程技术、管理、财务等各方面的内容，强调设计、使用效果及费用、信息反馈等在设备管理中的重要性。英国政府以政府行为对其进行积极推行，对其他国家也有一定的影响。

全员生产维修（TPM）：一套全员参加的生产维修方法。

（5）设备管理新发展阶段

企业设备维护业务外包：以合约方式将原本应由企业运作的业务，交由外部服务商，由他们来完成，以维持企业的高效运营。

绿色维修：在综合考虑资源利用效率和对环境的影响的条件下，使设备保持或恢复到规定状态的全部活动。

🧩 任务实施

设备基础信息管理的内容主要包括：设备的基本信息、技术参数、备件信息等。

设备的基本信息：包括设备的编码、名称和规格型号、所属部门、责任维护单位、设备采购的相关具体信息、设备出厂时间、安装时间和启用时间等。

技术参数：主要记录设备的操作条件，如操作压力、操作温湿度条件等，对于一些对环境有特殊要求的设备，如湿度、电磁辐射干扰等，必须将其如实记录在管理系统中。

备件信息：用于记录设备易损坏、易磨损组件的信息，包括组件的编号、数量、名称、供应商单位等，以便在组件损坏后可以迅速提供可更换的备件。

这些基础信息的管理，可以确保设备的有效维护和高效运行，同时为设备的采购、配置、安装、维修和报废等管理环节提供必要的数据支持。

任务 1.2　全员生产维修 TPM

📖 任务目标

1. 掌握全员生产维修 TPM 的概念、目标。
2. 掌握全员生产维修 TPM 的要素、基础活动和八大支柱。
3. 理解全员生产维修 TPM 的特征。

📋 素质目标

1. 培养安全管理意识。
2. 培养责任感与团队精神。

3. 提升沟通与协调能力。

 任务引入

全员生产维修（Total Productive Maintenance，TPM）：以追求整个生产系统综合效率最大化为目标，以事后维修（BM)、预防维修（PM)、改善维修（CM）和维修预防（MP）综合构成生产维修（PM）为总运行体制，构筑对所有损耗防患于未然的机制，由生产、开发、设计、销售以及管理等所有部门，从最高经营管理者到第一线作业人员全员参与，通过重复的小组活动，最终达成零损耗的目的。请完成下列任务：

请说说 TPM 的基本工作，并列出各类设备维修工作的内容要求。

 知识链接

1. TPM 的定义

全员生产维修是一种以提高设备综合效率为目标，以全系统的预防维修为过程，以全体人员参与为基础的设备保养和维修管理体系。

2. TPM 的目标

TPM 管理的主要目标是提高设备的可靠性、保证生产环境的稳定与和谐，并通过减少设备故障或停机时间，最大限度地提高设备效率和运行效率、降低生产成本、提高生产效率和质量。

TPM 的目标可以概括为四个"零"，即停机为零、废品为零、事故为零、速度损失为零。

3. 全员生产维修 TPM 的特征

① 全效率。指设备寿命周期费用评价和设备综合效率。TPM 追求设备寿命周期费用的经济性和设备综合效率的最大化。

② 全系统。指生产维修的各个方面均包括在内，如预防维修、维修预防、必要的事后维修和改善维修。它要求建立一个全面的设备维修体系，确保设备在整个生命周期内都能得到妥善的维护和管理。

③ 全员参加。指从公司高层到一线操作工人全员参与。每个员工都需要对设备的状态负责，及时发现和解决问题，确保设备的长期稳定运行。

4. 基础活动

6S 活动：TPM 管理以 6S（整理、整顿、清扫、清洁、素养、安全）活动为基础，

这是现场一切活动的前提和基石。通过 6S 活动，可以营造一个整洁、有序的工作环境，为 TPM 的推进提供良好基础。

5. TPM 的八大支柱

① 自主保全（自主管理）。强调设备的自主保养，由运转部门承担防止设备劣化的活动。

② 全员改善（改善活动）。鼓励全员参与改善活动，消除引起设备综合效率下降的七大损耗。

③ 专业保全（专业维修）。在自主保养的基础上，由保养部门有计划地对设备进行复原和改善保养。

④ 初期管理（前期管理）。确保新设备一投入使用就达到最佳状态，进行最优化规划和布置。

⑤ 教育训练（教育培训）。加强技能的训练和提高，培训和教育训练不仅是培训部门的事，也是每个部门的职责。

⑥ 品质保全（品质改善）。对与质量有关的人员、设备、材料、方法、信息等要素进行管理，提高产品质量。

⑦ 事务管理（事务改善）。对与生产和管理相关的事务进行改善，提高整体运营效率。

⑧ 安全环境改善。建立安全管理、环境管理等管理体制，确保生产环境的稳定与和谐。

6. TPM 的要素

① 提高工作技能水平。
② 改进精神面貌。
③ 改善操作环境。

 **任务实施**

1. TPM 的基本工作

① 确定重点设备，突出重点设备的维护与修理。
② 对设备实行分级管理，确定维修内容。
③ 以点检为重点，预防性检查为核心进行设备维修工作。
④ 针对设备的具体情况采用多种维修方式。
⑤ 建立和健全维修记录，开展平均故障间隔时间分析。
⑥ 推行 6S 活动，搞好现场管理，促进文明生产。
⑦ 对生产人员进行教育，积极培训专职设备维修人员。

2. 各类设备维修工作内容要求（表1-1-1）

表1-1-1　各类设备维修工作内容要求

设备等级	重点设备标记	日常保养	日常保养标准	定期检查	检查标准	MTBF	设备开动状态记录
A	+	+	+	+	特级标准	+	+
B	−	+	+	+	重点标准	+	−
C	−	+	−	−	一般标准	−	−

注：+表示需要，−表示不需要，MTBF表示平均故障间隔时间分析。

任务 2　设备点检管理

任务目标

1. 掌握设备点检定修制的概念、特点。
2. 掌握设备点检的概念、分类。
3. 会编制设备点检计划。

素质目标

1. 培养安全管理意识。
2. 培养责任感与团队精神。
3. 提升沟通与协调能力。

任务引入

设备点检定修制是一套制度化的、比较完善的科学管理方法，按照一定的标准与周期对设备规定的部位进行检查，以便早期发现设备故障隐患，及时进行处理，使设备保持其应有的功能。其实质就是以预防维修为基础，以点检为核心的全员维修制。请完成下列任务：

编制日常点检计划表。

知识链接

设备点检定修就是以点检为核心的全员设备检修管理体制，增强设备的可靠性与稳定性，避免故障的经常发生。

1. 设备点检定修制的特点

①坚持预防为主的指导思想：以"防"为主，最大限度地减少设备事故和故障的发生。

②建立完善的维修标准体系：维修技术标准等四大标准是贯彻执行点检定修制的技术基础和依据。

③建立以点检为核心的管理体制：强调基层管理，建立以点检为核心的维修管理体制，有利于实现高效管理。

④管理目标明确：减少设备故障时间，降低设备维修费用，获取最大的经济效益。

⑤突出为生产服务的观念：每个检修项目都有标准可依，既保证了生产计划的正常执行，又满足了检修工程的要求。

⑥实行全员管理：参加生产过程的人员都关心和参与设备维护工作，成为全员管理的基础。

⑦采用PDCA工作法：从计划编制到实施，再到实绩统计、分析，制定改进措施，形成闭环管理。

⑧坚持安全第一：实行安全确认制度、危险预知活动、安全会诊活动三项有效措施。

⑨推行设备倾向管理：通过实施设备倾向管理，定量、准确把握设备状态，防止过维修与欠维修。

⑩员工技能的多样化：员工技能从单一化发展为多样化以适应设备水平的提高、维修技术的发展。

2. 设备点检的概念

为了维持生产设备原有的性能，通过用人的五感或简单的工具仪器，按照预先设定的周期和方法，对设备上的某一规定部位（点），对照事先设定的标准，进行有无异常的周密的预防性检查，以便设备的隐患和缺陷能够得到早期发现、早期预防、早期处理，这样的设备检查称为点检。

3. 设备点检的分类

设备点检的分类方法很多，主要包括按目的、是否解体、周期等进行的分类。

（1）按点检目的分

良否点检：定性点检，只检查设备的好坏，通过检查以判断设备的维修时机。

倾向点检：定量点检并做倾向管理，目的是把握对象设备的劣化倾向程度和减损量的变化趋势，实施定量数据测定及管理，预测设备（备件）修理（更换）的时间。

（2）按点检（检查）的方法分

解体检查：拆开设备后，检查其内部的恶化倾向或磨损情况。

非解体检查：无须解体的设备外观检查。

（3）按点检周期分

日常点检：由操作工人进行，主要是利用感官检查设备状态。当发现异常现象后，经过简单调整、修理可以解决的，由操作工人自行处理；当操作工人不能处理时，反映给专业维修人员修理，排除故障，有些不影响生产正常进行的缺陷劣化问题，待定期修理时解决。

定期点检：是一种计划检查，由维修人员或设备检查员进行，除利用感官外，还要采用一些专用测量仪器。点检周期要与生产计划协调，并根据以往维修记录、生产情况、设备实际状态和经验修改点检周期，使其更加趋于合理。定期点检中发现问题，可以处理的应立即处理，不能处理的可列入计划预修或改造计划内。

精密点检：是用精密仪器、仪表对设备进行综合性测试调查，或在不解体的情况下应用诊断技术，即用特殊仪器、工具或特殊方法测定设备的振动、磨损、应力、温升、电流、电压等物理量，通过对测得的数据进行分析比较，定量地确定设备的技术状况和劣化倾向程度，以判断其修理和调整的必要性。精密点检一般由专职维修人员（含工程技术人员）进行定期或不定期检查测定。

4. 点检计划编制方法

点检人员（或操作人员）为均衡日常进行的点检作业及合理安排点检作业的轻重缓急，以及确保检查的针对性、计划性，在点检作业前，根据点检标准编制点检作业的日程实施计划，即为点检计划。

点检计划作为日常点检作业和定期点检作业的标准化作业的软件台账内容之一，其编制的及时性、准确性、有效性是设备基础管理检查的重点之一。

（1）点检计划的编制原则

① 点检计划依据点检标准规定的内容及周期编制。

② 设备使用过程中会因劣化、修理、改造等，导致设备状态发生变化，这将促使点检标准、检查的重点部位随之而变化。点检维护人员要运用 PDCA 工作法，根据设备状态、维修效果，及时完善点检计划。

③ 点检计划决定点检员的点检工作负荷，要保持每天工作量的相对均衡，符合实际。

（2）点检计划的编制要点

① 点检计划中的点检部位、点检周期都来自点检标准。

② 点检作业的日程管理，则需根据设备的重要度、定修模式、点检工作量、点检重合情况、施工人数及分工协议等做出均衡的安排。

③ 各作业区的点检人员在制定点检计划时，对所管辖范围内的设备按照体系要求，要建立有效的、有计划的全面预防性维护体系，对关键（重要）设备在人力、

物力、财力有限的情况下，要优先确保提供适当的资源保证（备件、修理机会）等。

任务实施

编制日常点检计划表，见表 1-1-2。

表 1-1-2　日常点检计划表

设备名称	点检部位	周期	第一周							第二周							第三周							第四周							第五周							备注
			日	一	二	三	四	五	六	日	一	二	三	四	五	六	日	一	二	三	四	五	六	日	一	二	三	四	五	六	日	一	二	三	四	五	六	

（表头右上角说明：H—小时　S—班　D—日　W—周　M—月　Y—年；主机名称）

任务 3　设备定修管理

任务目标

1. 掌握设备定修管理的概念、分类、特点。
2. 了解定修技术资料构成要素。

素质目标

1. 培养安全管理意识。
2. 培养责任感与团队精神。
3. 提升沟通与协调能力。

任务引入

设备定修是根据设备预防维修的原则，通过点检，在掌握设备的实际技术状态的基础上，按照严格的检修周期、检修时间、检修负荷，安排连续生产系统设备的定期检修。其特点是：停机时间短、生产物流及能源介质损失少、修理负荷均衡受控、检修效率高、检修成本经济。请完成下列任务：

　　日、定、年修业务流程。

 **知识链接**

1. 定修定义

　　定修是在点检的基础上，必须在主作业线设备停机（停产）条件下或对主作业线生产有重大影响的设备停机的条件下，按定修模型进行的计划检修。也可以理解为定期系统性检修，是对主要生产工艺线设备在生产物料协调和能源平衡的前提下所进行的规定时间的停产修理。

2. 定修类型

　　① 定修：在点检基础上，对主作业线设备或对其有重大影响的设备进行计划性停产修理。

　　② 年修：是定修的一种特例，当定修的内容和计划时间与投入的检修人力不能满足设备修理项目的检修工作量时，就需要进行年修。年修是召集大量检修人员进行定期的系统性检修，以彻底处理设备缺陷、隐患，更换或修理在定修时不能更换的劣化零部件和部分设备，并对设备做较大规模的监测、试验、精度校验及精密点检或改造设备等项目。

　　③ 日修：不影响主作业线生产的设备计划检修，可随时安排停机进行。

3. 执行定修的条件

　　① 有科学的定修模型和合理精确的定修计划。在与生产计划充分协调的前提下，确保定修按修理周期、时间以最精干的检修力量完成维修活动。

　　② 推行以作业长制为中心的现代化基层管理制度。有助于明确基层管理职责，提高管理效率，确保定修工作在基层得到有效执行。

　　③ 完整的维修标准体系和严格、具体的安全检修制度。为定修工作提供了明确的技术指导和确保检修过程中人身和设备安全。

　　④ 明晰的点检、检修与生产三方业务分工协议。确保定修在组织管理、定修进度、定修质量、定修协调和验收、试运转等方面顺利推进。

　　⑤ 完善、有效的定修工程标准化管理方式。标准化管理方式涵盖了定修的委托、接受、实施、验收记录等各个环节，提高了定修活动的效率和有序性。

　　⑥ 采用 PDCA（计划 - 执行 - 检查 - 行动）工作方法。PDCA 工作方法有助于定修管理不断得到修正、提高、完善与优化，形成持续改进的良性循环。

　　⑦ 相应的检修管理体制和组织机构。有助于系统推进定修计划，确保定修工作的高效、高质量完成。同时，高效率、高质量、高技术的检修部门也是确保定修成功的关键。

4. 定修的特点

① 定修与大、中、小修不同，见表 1-1-3。

表 1-1-3   定修与大、中、小修区别

项目	大、中、小修	定修
修理目的	对缺陷的设备进行修复	预防设备劣化造成事故
修理类型	检修型	管理＋检修型
修理手段	修复	修复＋改善、改造
修理项目依据	良否判断、缺陷检查	状态点检、倾向检查、周期管理

② 充分体现了以点检为核心的设备维修管理体制。

③ 以设备实际技术状态为基础的预防维修制度。

④ 以战略合作伙伴式的检修服务供应商队伍为检修基本力量，以社会专业协作检修力量为辅助力量。

⑤ 追求定修停机检修计划时间的准确，实行"计划值"管理方式。

⑥ 定修计划的制定、调整、实施和管理都受定修模型严格控制并实行定量管理。

⑦ 定修实施中严格按照标准化程序管理进行，定修与生产协调统一，减少计划外的停机损失。

⑧ 定修工程项目的完成率，即项目"命中率"追求 100% 准确。

⑨ 定修实行修理信息记录、反馈和实绩分析，有利于强化设备的修理管理、寿命周期管理；有助于设备的改善、改造；有利于修理方案的研究；有助于新技术的开发和应用。

 任务实施

日、定、年修业务流程如图 1-1-1 所示。

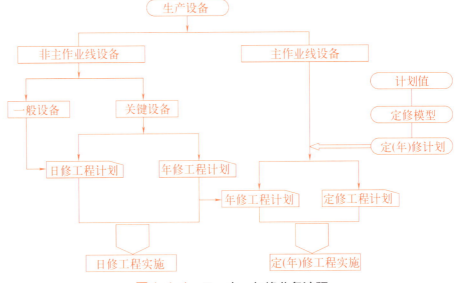

图 1-1-1   日、定、年修业务流程

任务 4　设备管理相关规定

任务 4.1　设备管理法规及政策

 任务目标

1. 了解设备管理法规及政策。
2. 掌握设备管理法规及政策的主要内容。

 素质目标

1. 培养安全管理意识。
2. 培养责任感与团队精神。
3. 提升沟通与协调能力。

 任务引入

设备管理作为保障生产安全、提高生产效率的重要环节，一直受到国家的高度重视。近年来，国家出台了一系列法律法规和政策措施，以加强设备管理，推动产业升级和可持续发展。请完成下列任务：

尝试编写某公司设备管理相关规定。

 知识链接

设备管理政策是指国家、地方政府或相关机构为规范设备使用、维护、更新等行为而制定的一系列法规、规章和规范性文件。设备管理政策旨在确保设备安全、高效、经济地运行，促进生产发展，保障人民生命财产安全，推动社会进步。

1. 设备管理法规及政策

① 法律层面：如《中华人民共和国安全生产法》《中华人民共和国特种设备安全法》等。明确了生产经营单位在设备管理中的安全责任，要求建立健全设备安全管理制度，确保设备安全运行和针对特种设备（如锅炉、压力容器、电梯等）的安全管理，制定了更为严格的规定，确保特种设备从设计、制造、安装、使用到报废的全生命周期安全。

② 行政法规层面：如《国务院关于修改〈特种设备安全监察条例〉的决定》等。详细规定了特种设备的安全监察制度，包括注册登记、使用管理、作业人员监督管理等方面的要求。

③ 部门规章层面：如《特种设备注册登记与使用管理规则》《特种设备作业人员监督管理办法》等。旨在加强和规范全国特种设备使用环节的管理，减少和防止特种设备事故的发生和规定了特种设备的注册登记、使用管理等方面的要求。《特种设备作业人员监督管理办法》规定了特种设备作业人员的考核、发证、复审等监督管理要求，以确保特种设备作业人员的专业素质和技能水平。

④ 规范性文件层面：包括各种设备管理的规范性文件，如设备管理标准、设备管理导则等。这些文件通常是由行业协会、专业机构或政府部门制定的，用于指导企业或组织进行设备管理工作。它们的内容涵盖了设备管理的各个方面，如设备采购、验收、使用、维护、报废等。

2. 设备管理政策主要内容

设备采购与选型：规定设备采购的程序、标准和选型原则，确保选购的设备符合生产需要和技术要求。

设备安装与调试：明确设备安装、调试的程序和要求，确保设备在投入运行前达到规定的性能指标。

设备使用与维护：规定设备使用、维护的制度和标准，确保设备在正常运行过程中保持良好的技术状态。

设备报废与处置规定：规定设备报废的标准和程序，以及废旧设备的处置方式，防止资源浪费和环境污染。

设备更新与改造：鼓励企业采用新技术、新工艺、新设备，对老旧设备进行更新或技术改造，提高设备的运行效率和安全性。

 任务实施

某公司设备管理相关规定内容如下。

1. 总则

为确保设备的安全、高效运行，提高生产效率，降低生产成本，特制定本设备管理相关规定。

本规定适用于公司内所有设备的管理，包括设备的选购、安装、调试、使用、维护、修理、改造、更新及报废等全过程。

2. 设备选购与安装

设备的选购应遵循技术先进、经济合理、生产适用的原则，确保选购的设备能

够满足生产需求，并具有良好的性价比。

设备安装应由专业人员进行，并严格按照设备安装说明书和操作规程进行，确保设备安装质量。

3. 设备使用与维护

设备使用前，操作人员应接受相关培训，熟悉设备性能、操作规程及安全注意事项。

设备使用过程中，操作人员应严格遵守操作规程，不得违规操作，发现设备异常应及时报告并处理。

设备维护应按照维护计划进行，包括日常维护、定期维护和预见性维护，确保设备处于良好状态。

4. 设备修理与改造

设备发生故障时，应及时进行修理，确保设备尽快恢复正常运行。

设备修理应由专业人员进行，并严格按照修理规程进行，确保修理质量。

设备改造应经过充分论证，确保改造后的设备能够满足生产需求，并提高生产效率。

5. 设备更新与报废

设备更新应遵循技术先进、经济合理的原则，确保更新的设备能够提高生产效率，降低生产成本。

设备报废应经过严格鉴定，确保报废的设备已经无法满足生产需求，或维修成本过高。

报废设备的处理应按照相关规定进行，确保不对环境造成污染。

6. 设备管理与监督

公司应设立设备管理部门，负责设备的全面管理，包括设备的选购、安装、调试、使用、维护、修理、改造、更新及报废等。

设备管理部门应定期对设备进行检查和评估，确保设备处于良好状态，并及时发现和处理设备问题。

公司应加强对设备管理人员的培训和教育，提高设备管理人员的专业素质和管理水平。

7. 附则

本规定自发布之日起执行，如有未尽事宜，由设备管理部门负责解释和修订。

本规定与公司其他相关规定如有冲突，以本规定为准。

任务 4.2　风险识别（危险源和环境因素识别）

📚 任务目标

1. 了解设备危险源和环境识别。
2. 会制定风险控制措施。

📋 素质目标

1. 培养安全管理意识。
2. 培养责任感与团队精神。
3. 提升沟通与协调能力。

📖 任务引入

风险识别是设备管理中的重要环节，旨在通过系统的方法识别设备使用过程中可能存在的危险源和环境因素，进而采取有效措施进行风险控制，以确保设备安全、环保和高效运行。请完成下列任务：

某大型钢铁企业拥有一座现代化高炉冶炼设备，该设备是钢铁生产流程中的关键环节，负责将铁矿石还原成铁水。随着生产规模的扩大和技术的不断进步，高炉冶炼设备的安全、环保及高效运行成为企业关注的焦点。

为了确保设备稳定运行，请谈谈如何对该高炉冶炼设备进行全面的风险识别与风险控制工作。

🌐 知识链接

1. 风险识别

在设备管理过程中，为确保设备的安全运行，必须进行风险识别，包括危险源和环境因素的识别，具体方法如下。

（1）危险源识别

① 对设备本身及其运行过程中可能产生的危险进行识别，如机械伤害、电气危险、高温高压等。

② 分析设备的历史故障数据和事故记录，找出潜在的危险源。

③ 对设备的操作、维护、检修等过程进行风险评估，确定危险源的存在和可能

产生的后果。

（2）环境因素识别

① 识别设备运行过程中可能对环境产生的影响，如噪声、废气、废水等。

② 评估设备所处环境对设备安全运行的影响，如温度、湿度、腐蚀性气体等。

③ 对设备的排放物进行监测和分析，确保符合环保法规要求。

2. 风险控制措施

① 对识别出的危险源和环境因素进行风险评估，确定风险等级。

② 根据风险评估结果，制定相应的风险控制措施，如安装防护装置、定期检测维护、改善作业环境等。

③ 建立风险管理档案，对风险控制措施的实施效果进行跟踪和评估。

④ 加强员工的安全教育和培训，提高员工对危险源和环境因素的认知和应对能力。

✸ 任务实施

为了确保设备稳定运行，对该高炉冶炼设备进行全面的风险识别与风险控制工作的内容如下。

1. 风险识别过程

① 组建专业团队。企业成立了由安全管理专家、冶金工程师、设备维护人员及环保专员组成的风险识别小组。

② 资料收集与分析。小组收集了高炉冶炼设备的设计图纸、操作规程、历史事故记录、维护保养记录以及行业内的类似案例，进行深入分析。

③ 现场勘查。小组成员对高炉冶炼设备进行了实地勘查，重点检查了炉体结构、冷却系统、除尘设备、煤气回收系统等关键部位。

④ 风险识别。通过系统的方法，识别出的主要危险源和环境因素如下。

a. 炉体结构风险：炉体侵蚀、开裂可能导致铁水泄漏，引发火灾或爆炸。

b. 冷却系统故障：冷却水不足或循环不畅可能导致炉体过热，甚至熔化。

c. 除尘设备失效：除尘设备故障可能导致粉尘排放超标，影响环境质量和员工健康。

d. 煤气泄漏风险：煤气管道老化、腐蚀或操作不当可能导致煤气泄漏，引发中毒或爆炸。

e. 人员误操作风险：操作人员未严格遵守操作规程，可能导致安全事故。

2. 风险控制措施

（1）风险评估与等级确定

对上述识别出的危险源和环境因素进行风险评估，综合考虑其可能性、严重性和潜在影响，确定风险等级。

（2）制定风险控制措施

炉体结构加固与维护：定期检查炉体结构，对侵蚀、开裂部位进行修复加固；采用先进的耐火材料延长炉体寿命。

冷却系统优化：升级冷却系统，确保冷却水充足且循环顺畅；安装温度监测装置，实时监控炉体温度。

除尘设备改造与升级：对现有除尘设备进行技术改造，提高除尘效率；增加备用除尘设备，确保在主设备故障时仍能维持正常除尘效果。

煤气泄漏防控：定期检测煤气管道，更换老化、腐蚀部件；安装煤气泄漏检测报警装置，确保及时发现并处理泄漏问题。

加强操作管理：制定更为严格的操作规程，明确操作人员的职责和权限；实施岗位责任制，确保每位操作人员都能认真履行职责。

3. 建立风险管理档案

① 对风险评估过程、风险控制措施及其实施效果进行记录，建立详细的风险管理档案。

② 定期对风险管理档案进行更新和审查，确保信息的准确性和时效性。

4. 加强员工安全教育与培训

① 组织定期的安全教育培训活动，提高员工对高炉冶炼设备危险源和环境因素的认知和应对能力。

② 强调安全操作规程的重要性，确保每位员工都能熟练掌握并严格遵守。

③ 开展应急演练活动，提高员工在紧急情况下的应对能力和自救互救能力。

项目2　认识冶金工业

任务1　认识冶金工艺与设备

任务1.1　炼铁生产工艺与设备认知

 **任务目标**

1. 了解高炉生产工艺流程。
2. 认识炼铁生产设备。

 **素质目标**

1. 形成安全规范操作的职业素养。
2. 培养团队协作精神。
3. 培养"质量第一，精益求精"的工匠精神。

![任务引入] **任务引入**

现代钢铁联合企业的炼铁工序是由高炉、烧结机及焦炉为主体设备构成的。其核心是高炉，其中包括热风炉和煤气处理等辅助设备。这些设备在生产生铁的同时，还产生大量的煤气和其他副产品，这些副产品可以在能源、化工、建筑材料等部门得到广泛的综合利用。请完成以下任务：

① 了解高炉生产工艺流程。
② 认识高炉生产设备，熟悉各设备组成的作用。

知识链接

高炉炼铁生产是用还原剂在高温下将含铁原料还原成液态生铁的过程。高炉操作者的任务是在现有条件下科学地利用一切操作手段，使炉内煤气分布合理，炉料运动均匀顺畅，炉缸热量充沛，渣铁流动性良好，能量利用充分，从而实现高炉稳定顺行、高产低耗、长寿环保的目标。

炼铁生产有两类方法：一类是高炉炼铁法，另一类是只用少量焦炭或不用焦炭的非高炉炼铁法。

1. 高炉炼铁法

高炉法炼铁的一般冶炼过程是：铁矿石、焦炭和熔剂从高炉炉顶装入，热风从高炉下部风口鼓入，随着风口前焦炭的燃烧，炽热的煤气流高速上升。下降的炉料受到上升煤气流的加热作用，首先进行水分的蒸发，然后被缓慢加热至 $800 \sim 1000℃$。铁矿石被炉内煤气 CO 还原，直至进入 $1000℃$ 以上的高温区，转变成半熔的黏稠状态，在 $1200 \sim 1400℃$ 的高温下进一步还原，得到金属铁。金属铁吸收焦炭中的碳，进行部分渗碳之后，熔化成铁水。铁水中除含有 4% 左右的碳之外，还有少量的硅、锰、磷、硫等元素。铁矿石中的脉石也逐步熔化成炉渣。铁水和炉渣穿过高温区焦炭之间的间隙滴下，积存于炉缸，由铁口排出炉外。

2. 非高炉炼铁法

直接还原法生产生铁是指在低于熔化温度之下将铁矿石还原成海绵铁的炼铁生产过程，其产品为直接还原铁（即 DRI），也称海绵铁。该产品未经熔化，仍保持矿石外形，由于还原失氧形成大量气孔，在显微镜下观察其呈团形、似海绵而得名。海绵铁的特点是含碳量低（< 1%），并保存了矿石中的脉石。这些特性使其不宜大规模用于转炉炼钢，只适于代替废钢作为电炉炼钢的原料。

直接还原法可分为：

①气基法。用天然气经裂化产出 H_2 和 CO 气体，作为还原剂。

②煤基法。以固体（煤炭等）作为还原剂。

直接还原铁量的 90% 以上是采用气基法生产的。

还有一种非高炉炼铁方法是熔融还原法，是指不用高炉而在高温熔融状态下还原铁矿石的方法，其产品是成分与高炉铁水相近的液态铁水。开发熔融还原法的目的是取代或补充高炉法炼铁。

任务实施

当前，大规模生产铁的主要方法是高炉炼铁法。高炉炼铁生产工艺流程及主要设备如图 1-2-1 所示。

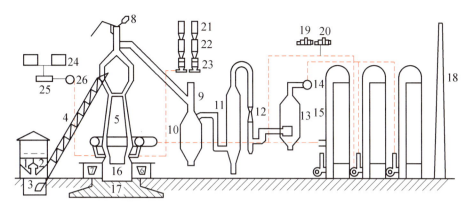

图 1-2-1　高炉炼铁生产工艺流程及主要设备

1—储矿槽；2—焦仓；3—料车；4—斜桥；5—高炉本体；6—铁水包；7—渣罐；8—放散阀；9—切断阀；
10—除尘器；11—洗涤塔；12—文氏管；13—脱水器；14—净煤气总管；15—热风炉（三座）；16—炉基墩；
17—炉基基座；18—烟囱；19—蒸汽透平；20—鼓风机；21—煤粉收集罐；22—储煤罐；23—喷吹罐；
24—储油罐；25—过滤器；26—加油泵

① 高炉本体。高炉本体包括：炉基、炉壳、炉衬、冷却设备和金属框架等，炼铁过程在其中完成。

② 上料系统。上料系统包括：储矿槽、槽下漏斗、槽下筛分、称量和运料设备、皮带上料机向炉顶供料设备。其任务是将高炉所需原燃料通过上料设备装入高炉内。

③ 送风系统。送风系统包括：鼓风机、热风炉、冷风管道、热风管道和热风围管等。其任务是将风机送来的冷风经热风炉预热后送进高炉。

④ 煤气净化系统。煤气净化系统包括煤气导出管、上升管、下降管、重力除尘器、洗涤塔、文氏管、脱水器及高压阀组等，也有的高炉用布袋除尘器进行干法除尘。其任务是将高炉冶炼所产生的荒煤气进行净化处理，以获得合格的气体燃料。

⑤ 渣铁处理系统。渣铁处理系统包括：出铁场、炉前设备、渣铁运输设备、水力冲渣设备等。其任务是将炉内放出的铁、渣按要求进行处理。

⑥ 喷吹系统。喷吹系统包括：喷吹燃料的制备、运输和喷入设备等。其任务是将按一定要求准备好的燃料喷入炉内。

任务 1.2　炼钢生产工艺与设备认知

 任务目标

1. 了解炼钢生产工艺。
2. 认识炼钢生产设备。

 素质目标

1. 形成安全规范操作的职业素养。
2. 培养团队协作精神。
3. 培养"质量第一，精益求精"的工匠精神。

 任务引入

炼钢是将高炉铁水、直接还原铁、热压块铁或废钢加热、熔化，通过化学反应去除铁液中的有害杂质元素，配加合金并浇铸成半成品的过程。请完成以下任务：
① 了解转炉炼钢车间各作业系统的设备构成。
② 了解电弧炉的设备构成。
③ 了解连续铸钢工艺由哪些设备完成。

 知识链接

钢铁是现代生产和科学技术中应用最为广泛的基础性材料。钢产量的高低、品种的多少以及质量的优劣，是衡量一个国家工业水平高低的重要标志之一。

炼钢工序的主要目的是把来自高炉的铁水加以适量的废钢，在炼钢炉内通过氧化、脱碳及造渣过程，降低有害元素的含量，冶炼出符合要求的钢水。

常用的冶炼方法有氧气转炉炼钢和电炉炼钢。氧气转炉炼钢法因其在生产率、产品质量、成本等方面的优越性，被人们广泛采用。

1. 氧气转炉炼钢

氧气转炉炼钢是目前世界上最主要的炼钢方法，它的主要任务是采用超声速氧射流将铁水中的碳氧化，去除有害杂质，添加一些有益合金，使铁水转化成性能更加优良的钢。

2. 电炉炼钢

常用的电炉有电弧炉、感应炉两种，而前者占电炉炼钢产量的主要部分。电弧炉炼钢就是通过石墨电极向电弧炼钢炉内输入电能，以电极端部、炉料之间发生的电弧为热源进行炼钢的方法。

任务实施

1. 氧气转炉车间的组成

氧气转炉车间主要包括原料系统、加料系统、冶炼系统和浇铸系统，此外还有

炉渣处理系统、烟气的净化与回收系统、动力（氧气、压缩空气、水、电等的供应）系统、拆修炉系统等一系列设施。

车间的各项工艺操作，都以转炉冶炼为中心，如图 1-2-2 所示。各种原材料都汇集到转炉，冶炼后的产品、废弃物再从转炉运走。以吊车皮带运输以及各种车辆作连接的纽带，使之构成一个完整的生产系统。其各作业系统的设备组成如下。

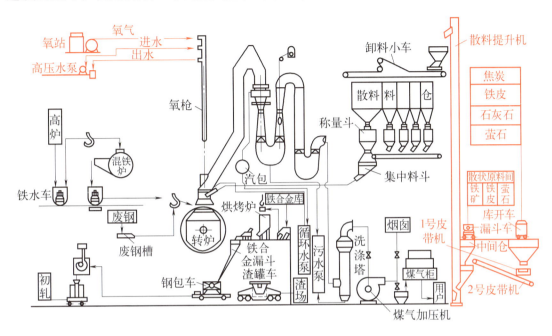

图 1-2-2　氧气转炉炼钢生产工艺流程示意图

① 转炉主体设备。它由炉体、炉体支撑装置和倾动设备组成，是炼钢的主要设备。

② 供氧设备，包括供氧系统和氧枪。氧气由制氧车间经输氧管道送入中间储气罐，然后经减压阀、调节阀、快速切断阀送到氧枪。氧枪设备包括氧枪本体、氧枪升降装置和换枪装置。

③ 铁水供应系统设备。由铁水储存、预处理、运输和称量等设备组成。

④ 废钢供应设备。废钢在装料间由电磁起重机装入废钢槽。废钢槽由机车或起重机运至转炉平台，然后由炉前起重机或废钢加料机加入转炉。

⑤ 散状料供应设备。散状料是指炼钢过程中使用的造渣材料和冷却剂，通常有石灰、萤石、矿石、石灰石、氧化铁皮和焦炭等。散装料供应系统设备包括地面料仓，将散状料运至高位料仓的上料机械设备和自高位料仓将散状料加入转炉的称量和加料设备。

⑥ 铁合金供应设备。在转炉侧面平台设有铁合金料仓、铁合金烘烤炉和称量设备。出钢时，把铁合金从料仓或烘烤炉中卸出，称量后运至炉后，通过溜槽加入钢包中。

⑦ 出渣、出钢和浇铸系统设备。转炉炉下设有电动钢包车和渣罐车等设备。浇铸系统包括模铸设备和连铸设备。

⑧ 烟气净化和回收设备。烟气净化设备通常包括活动烟罩、固定烟道、溢流文氏管、可调喉口文氏管、弯头脱水器和抽风机等。

⑨ 修炉机械设备。包括补炉机、拆炉机和修炉机等。

2. 电弧炉炼钢设备

电弧炉设备由炉体、机械设备、电气设备和辅助装置构成，如图 1-2-3 所示。

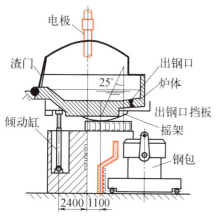

图 1-2-3　电弧炉设备示意图

① 电弧炉的炉体。炉体是电弧炉的最主要的装置，用来熔化炉料和进行各种冶金反应。电弧炉炉体由金属构件和耐火材料砌筑成的炉衬两部分组成。

② 电弧炉的机械设备。由电极夹持器、电极升降机构、炉体倾动机构、炉顶装料系统组成。

③ 电弧炉的电气设备。电弧炉炼钢是靠电能转变为热能使炉料熔化并进行冶炼的，电弧炉的电气设备就是完成这个能量转变的主要设备。电弧炉的电气设备主要分为两部分，即主电路和电极升降自动调节系统。

④ 电弧炉炼钢辅助装置。为了减轻炼钢炉前工人的劳动强度和改变生产环境，电弧炉还增设了辅助设备，包括水冷装置、排烟除尘装置、氧 - 燃烧嘴、补炉机等。

3. 连续铸钢设备

连铸机由钢包运载装置、中间包、中间包运载装置、结晶器、结晶器振动装置、二次冷却装置、拉坯矫直机、引锭装置、切割装置和铸坯运出装置等部分组成，如图 1-2-4 所示。

① 钢包。钢包是用于盛接钢液并进行浇铸的设备，也是钢液炉外精炼的容器。

② 钢包回转台。钢包回转台是设在连铸机浇铸位置上方用于运载钢包过跨和支承钢包进行浇铸的设备。采用钢包回转台还可快速更换钢包，实现多炉连铸。

③ 中间包。中间包是钢包和结晶器之间用来接收钢液的过渡装置，中间包首先接收从钢包浇下来的钢水，然后再由中间包水口分配到各个结晶器中去。中间包用来稳定钢流，减小钢流对结晶器中坯壳的冲刷，并使钢液在中间包内有合理的流动状态和适当长的停留时间，以保证钢液温度均匀及非金属夹杂物分离上浮；多流连铸机由中间包对钢液进行分流；在多炉连浇时，中间包中储存的钢液在更换钢包时起到衔接的作用。

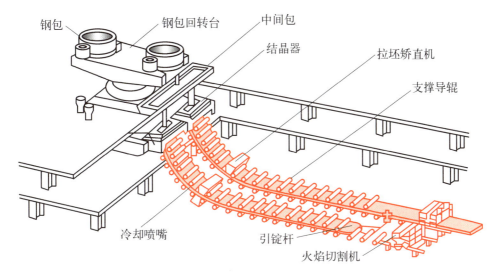

图 1-2-4　连续铸钢生产工艺流程示意图

④ 结晶器。结晶器是一个特殊的水冷钢锭模，钢液在结晶器内冷却、初步凝固成形，并形成一定的坯壳厚度，以保证铸坯被拉出结晶器时，坯壳不被拉漏、不产生变形和裂纹等缺陷。因此它是连铸机的关键设备，直接关系到连铸坯的质量。

⑤ 二次冷却装置。二次冷却装置主要由喷水冷却装置和铸坯支承装置组成。它的作用是向铸坯直接喷水，使其完全凝固；通过夹辊和侧导辊对带有液芯的铸坯起支撑和导向作用，防止并限制铸坯发生鼓肚、变形和漏钢事故。

⑥ 拉坯矫直机。拉坯矫直机的作用是在浇铸过程中克服铸坯与结晶器及二冷区的阻力，顺利地将铸坯拉出，并对弧形铸坯进行矫直。在浇铸前，它还要将引锭装置送入结晶器内。

⑦ 引锭装置。引锭装置包括引锭头和引锭杆两部分，它的作用是在开浇时作为结晶器的"活底"，堵住结晶器的下口，并使钢液在引锭杆头部凝固。通过拉矫机的牵引，铸坯引锭杆从结晶器下口被拉出。当引锭杆被拉出拉矫机后，将引锭杆脱去，进入正常拉坯状态。

⑧ 切割装置。切割装置的作用是在铸坯行进过程中，将它切割成所需要的定尺长度。

任务 1.3　轧钢生产工艺与设备认知

 任务目标

1. 了解轧钢生产工艺。
2. 认识轧钢生产设备。

 素质目标

1. 形成安全规范操作的职业素养。
2. 培养团队协作精神。
3. 培养"质量第一，精益求精"的工匠精神。

任务引入

轧钢生产是钢铁工业生产的最终环节，它的任务是把炼铁、炼钢等工序的物化劳动集中转化为钢铁工业的最终产品——钢材。在轧制、锻造、拉拔、冲压、挤压等压力加工方法中，由于轧制生产效率高、产量大、品种多的特点，轧制成为钢材生产中最广泛使用的成形方法。请完成以下任务：

① 认识轧机的类型。
② 了解轧机的日常管理和维护的内容。

知识链接

轧钢工序是把符合要求的钢锭或连铸坯加工成性能和形状尺寸满足用户要求的钢材的工序。轧制是指金属在两个旋转的轧辊之间进行塑性变形的过程。轧制的目的不仅是改变金属的形状，而且也使金属获得一定的组织和性能。

轧制钢材的断面形状和尺寸总称为钢材的品种规格。国民经济各部门所使用的以轧制方法生产的钢材品种规格已达数万种之多。一般来说，钢材品种越多，表明轧钢技术水平越高。钢材的分类方法有许多种，根据断面形状的特征，钢材可分为板带钢、型钢、钢管和特殊用途钢材四大类；根据加工方式分为热轧钢、冷轧钢、冷拔钢、锻压钢、焊接钢和镀层钢等；根据钢的材质或性能分为优质钢、普通钢、合金钢、低合金钢等；根据钢材的用途分为造船板、锅炉板、油井管、油气输送管、电工用钢等。

任务实施

1. 轧机类型

轧钢机的种类很多，根据生产能力、轧制品种和规格的不同，所采用的轧机也不一样。轧机的标称基本上可归纳成三类：开坯和型钢类型；板带类型；管材类型。

开坯机是以钢锭为原料，为成品轧机提供坯料的轧钢机，包括方坯初轧机、方坯板坯初轧机和板坯初轧机等。

钢坯轧机也是为成品轧机提供原料的轧机，但原料不是钢锭，而是钢坯。

型钢轧机是将原料轧制成各类型钢的轧机，包括轨梁轧机，大型、中型、小型轧机及线材轧机等。

热轧板带轧机是在热状态下生产各类厚度的钢板的轧机，包括厚板轧机、宽带钢轧机和叠轧薄板轧机等。

冷轧板带轧机是在冷状态下生产交货的钢板轧机，包括单张生产的钢板冷轧机、成卷生产的宽带钢冷轧机、成卷生产的窄带钢冷轧机等。

钢管轧机包括热轧无缝钢管轧机、冷轧钢管轧机和焊管轧机等。

2. 轧机的构成

轧钢机由轧辊、轧机轴承、轧辊调整机构及上辊平衡装置、机架几部分构成，如图 1-2-5 所示。

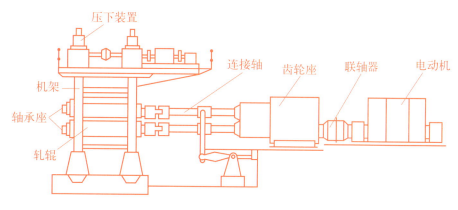

图 1-2-5　二辊可逆式初轧机示意图

① 轧辊。轧辊是轧制过程中用来使金属产生塑性变形的工具，是轧钢机的主要部件。

② 轧辊轴承。轧辊轴承是用来支撑轧辊的。对轧辊轴承的要求是，承载能力大、摩擦系数小、耐冲击，可在不同速度下工作，在结构上，径向尺寸应尽可能小（以便采用较大的辊颈直径），有良好的润滑和冷却条件。

③ 轧辊调整机构（压下装置）及上辊平衡装置。轧辊调整机构的作用是调整轧辊在机架中的相对位置，以保证要求的压下量、精确的轧件尺寸和正常的轧制条件。压下装置的类型包括手动压下机构、电动压下机构、液压压下机构、电 - 液压压下机构。

几乎所有轧机（叠轧薄板轧机除外）都设置上辊平衡机构，使上辊轴承座紧贴在压下螺栓端部，并消除从轧辊辊颈到压下螺母之间所有的间隙，以免当轧件要入轧辊时产生冲击。平衡机构还兼有抬升上辊的作用，形成辊缝。常用的平衡机构有重锤式平衡机构、弹簧式平衡机构、液压式平衡机构。

④ 机架。机架是用来安装轧辊、轧辊轴承、轧辊调整装置和导卫装置等工作机座中的全部零部件，并承受全部轧制力的轧机部件。根据轧钢机的形式和生产工艺的要求，一般轧钢机机架分为闭口式和开口式两种。

3. 轧钢机管理与维护

设备操作、使用、维护三大规程的建立和有效实施，是一项不可缺少的基础工作。

设备点检是为了维护设备所规定的机能，按照一定的规范或标准，通过直观（凭借五感）或检测工具，对影响设备正常运行的一些关键部位的外观、性能、状态与精度进行制度化、规范化的检测，其中设备点检又分为日常点检和定期点检。

设备维护人员凭借五感和测量仪器，按检查周期对重点和重要设备各部位进行检查。根据设备的复杂程度确定检查时间。检查时要检查和测定易损件磨损情况，确定性能，在条件许可时，进行必要的维修、调整、易损件更换。

例如，轧辊点检维护包括如下检查。

① 目检。用肉眼观察轧辊的外观表面，尤其是轧辊的工作表面及轴承装配部位，仔细查看是否有裂纹、划痕、锈斑等缺陷，必要时可用放大镜或其他方法进行检查，并做记录。

② 尺寸检查。用精密的千分尺检查轧辊原始直径、轴承装配的各种尺寸。

③ 硬度检查。用便携式硬度计校验轧辊各部分的硬度值。

④ 仪器检查。特殊情况下，进行化学成分、金相组织的复验，以及超声波探伤检查。

任务1.4   冶金通用机械设备认知

 任务目标

1. 了解冶金通用机械设备种类。
2. 熟悉冶金通用设备的使用。

素质目标

1. 形成安全规范操作的职业素养。
2. 培养团队协作精神。
3. 培养"质量第一，精益求精"的工匠精神。

任务引入

钢铁工业生产专业化较强，必须配备专门的冶炼设备。但作为一个产业系统，其生产的对象、手段、形式等多种多样，因此，钢铁工业生产又需要大量冶金通用机械设备。请完成以下任务：

① 了解冶金通用机械设备的种类。

② 了解冶金通用机械设备的构成及作用。

知识链接

冶金通用机械设备是指在各种冶金工业部门均能使用的设备。冶金通用机械设备主要包括起重运输机械、泵与风机、液压传动设备等。

任务实施

1. 起重运输机械

起重机械是用来对物料做起重、运输、装卸和安装等作业的机械设备。采用起重机械可以减轻体力劳动，提高劳动生产率或在生产过程中进行某些特殊的工艺操作，实现机械化和自动化。

起重机械由三大部分组成，即工作机构、金属结构和电气设备。

工作机构常见的有起升、运行、回转和变幅机构，通常称为四大工作机构。依靠这四个机构的复合运动，可以使起重机械在所需的指定位置进行上料和卸料。

金属结构是构成起重机械的躯体，是安装各机构和承受全部载荷的主体部分。

电气设备是起重机械的动力装置和控制系统。

2. 泵与风机

泵是抽吸输送液体的机械。在沿管路输送液体的时候，必须使液体具有一定的压头，以便把液体输送到一定的高度和克服管路中液体流动的阻力。它能将原动力的机械能转变成液体的动能和压力能，从而使液体获得一定的流速和压力。

泵在冶金生产过程中应用十分广泛。各种冶金炉中用来冷却炉壁及火焰喷出口等处的水套的循环用水也需要水泵供给。液体燃料的输送、金属熔渣的输送有时也要由泵来完成。因此，泵是冶金生产的主要设备之一。根据泵的工作原理和运动方式，泵可分为叶片泵、容积泵和喷射泵三类。

风机是输送或压缩空气及其他气体的机械设备，它将原动机的能量转变为气体的压力能和动能。风机的用途非常广泛，它在矿山、冶金、发电、石油化工、动力工业以及国防工业等生产部门都是不可缺少的。风机按压力和作用分为通风机、鼓风机和压缩机。

3. 液压传动

用液体作为工作介质来实现能量传递的传动方式称为液体传动。液体传动按其工作原理的不同分为两类。主要以液体动能进行工作的称为液力传动（如离心泵、液力变矩器等）；主要以液体压力能进行工作的称为液压传动。

任务 2　智能化冶金生产

任务 2.1　智能化炼铁生产认知

 任务目标

了解炼铁智能化。

 素质目标

1. 形成安全规范操作的职业素养。
2. 培养团队协作精神。
3. 培养"质量第一，精益求精"的工匠精神。

 任务引入

高炉是钢铁工业领域最大的单体反应容器，具有高温、高压、密闭、连续生产的"黑箱"特性，内部信息极度缺乏，也无法对其实施同步监测，目前高炉冶炼仍然以操作人员的经验为主。请完成以下任务：

① 了解基本的高炉炼铁智能化技术。
② 熟悉高炉炼铁自动控制系统操作。

 **知识链接**

高炉是一个密闭的逆流反应器，炉内的反应复杂多样。这就要求相关操作者根据炉内的温度、压力、煤气成分等的波动变化情况来判断炉内实时情况。但高炉冶炼的功能与性质注定它无法直接用肉眼观测。如果不能进行实时的观测，采取及时的应急

措施，当意外情况发生时，必然会带来损失，甚至可能发生安全事故。因此，在炼铁生产过程中引入智能化、自动化技术并广泛运用，是高炉炼铁发展的必然趋势。

 任务实施

1. 设备自动化技术

设备自动化技术在高炉炼铁生产中的应用，可以减少人工成本的投入，在一定程度上降低投错原料或者搞错原料比例的概率。设备自动化也能使炼铁过程更加高效和安全，还可以更加精准地控制高炉中原材料的投入量。炼铁设备的自动化也推进着钢铁冶炼生产朝着现代化、高效化和精准化不断迈进。同时，设备自动化也为未来更换更好的工艺装备，或引入更好的技术系统打下一定的基础。

2. 高炉模拟技术

当前，高炉数值化模拟的两种建模方法为流体力学法和离散元法。流体力学法可对连续相行为进行描述，离散元法可以对非连续相行为进行评价。这两种建模方法有效地结合即可对高炉生产建立正确的数学模型。在这种模型中，使用流体力学法对流体位置进行预测，使用离散元法对颗粒位置进行求解。这种模型可方便了解高炉内部物质的状态，还可以使高炉更加稳定，同时，可以通过控制高炉内各种物质的比例，使这些物质更好地进行反应，提高原料的利用率和产物的产率。

3. 高炉炼铁自动控制系统

高炉炼铁自动控制系统是通过仪表采集数据，对高炉当前的状态进行预判，从而实现对高炉的全过程掌控。某厂炼铁系统大数据平台的基本架构如图1-2-6所示。

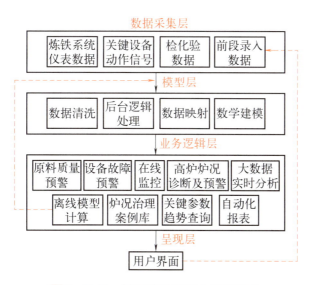

图1-2-6 某厂炼铁系统大数据平台

这一套系统不仅可以提高高炉的工作效率，降低工作人员的失误率，还可优化高炉炼铁的工艺，并使其操作更加简便。因此，高炉炼铁自动化控制系统是一种对高炉炼铁生产非常有效的系统。

任务 2.2　智能化炼钢生产认知

 任务目标

了解炼钢智能化。

 素质目标

1. 形成安全规范操作的职业素养。
2. 培养团队协作精神。
3. 培养"质量第一，精益求精"的工匠精神。

 任务引入

氧气转炉炼钢的冶炼周期短，高温冶炼过程复杂，需要控制和调节的参数很多，现在冶炼钢种日益增多，对质量要求很高，炉子容量也不断扩大，单凭操作人员的经验来控制转炉炼钢已不适应需求。应用计算机于氧气转炉的过程控制，能对冶炼过程的各个参数进行快速、准确的计算和处理，给出所需要的综合结果，提出合理的操作模式并进行自动控制，以获得成分和温度合格的钢水。

现代化的转炉炼钢控制系统在世界钢铁领域中普遍应用，它们采用先进的计算机应用技术，以仪控、自控、电控组成一个完整的控制系统，取代常规的仪表盘、操作台、模拟屏的传统操作控制方式，全部监控手段均在计算机人 - 机接口上完成。请完成以下任务：

① 了解智能化炼钢生产的作用和重要性。
② 了解智能化炼钢的几种模型应用。

 知识链接

1. 吹炼过程的智能控制

计算机可以在很短时间内，对吹炼过程的各种参数进行快速、高效率的计算和

处理，并给出综合动作指令，准确地控制过程和终点，获得合格的钢水。

2. 计算机控制炼钢的优点

较精确地计算吹炼参数；无倒炉出钢；终点命中率高；改善劳动条件。

3. 炼钢计算机控制的三级系统

管理级，为三级机；过程级，为二级机；基础自动化级，为一级机。计算机炼钢过程控制是以过程计算机控制为核心，实行对冶炼全过程的参数计算和优化、数据和质量跟踪、生产顺序控制和管理。

4. 智能控制的功能

从管理计算机接收生产和制定计划；向上传输一级系统的过程数据；向一级系统下达设定值；从化验室接收铁水、钢液和炉渣的成分分析数据；建立钢种字典；完成转炉装料计算；完成转炉动态吹炼的控制计算；完成冶炼记录；将生产数据传送到管理计算机。

5. 智能控制炼钢的条件

设备无故障或故障率很低；过程数据检测准确可靠；原材料达到精料标准，质量稳定；要求人员素质高。

 任务实施

1. 静态控制模型与动态控制模型

静态控制模型包括终点控制模型、造渣模型和底吹模型三种。

终点控制模型：选取钢水终点温度和终点碳作为目标值，以冷却剂（矿石或铁皮）加入量和氧耗量作控制变量，即用冷却剂加入量控制终点温度，用氧耗量控制终点碳。

造渣模型：根据铁水中硅、磷含量和装入量以及炉渣碱度的要求，对操作数据进行统计分析，得出石灰、白云石、萤石等造渣料加入量的计算公式；副原料加入制度：总结操作经验，按不同钢种确定副原料的加入批数、时间和各批料的加入量。

底吹模型：根据底部供气工艺研究和总结操作实践提出的底部供气制度，包括供气种类、压力、流量以及气体的切换时刻等。

动态控制模型是指在吹炼末期用副枪大量测试取得钢水温度和碳含量的数据，通过统计分析和总结操作经验建立起来的模型。

动态模型包括：脱碳速度模型、钢水升温模型和冷却剂加入量模型。

2. 过程检测仪表

钢水定碳传感器。原理：结晶定碳，根据凝固温度可以反推出钢水的含碳

量。因此吹炼中、高碳钢时终点控制采用高拉补吹，就可使用结晶定碳来确定碳含量。

钢水定氧传感器。原理：用 ZrO_2+MgO 作为电解质，同时又以耐火材料的形式包住 $Mo+MoO_2$ 组成的一个标准电极板，而钢水中 [O]+Mo 为另一个电极板，钢水中氧浓度与标准电极 $Mo+MoO_2$ 氧浓度不同，在 ZrO_2+MgO 电解质中形成浓度差电池，测定电池的电动势，可以得出钢水中的氧含量。

判断吹炼终点的仪表。炉气分析系统：包括炉气取样和分析系统，可在高温和有灰尘的条件下进行工作，并在极短的时间内分析出炉气的化学成分。该系统由具有自我清洁功能的测试头、气体处理系统和气体分析装置组成。炉气分析系统功能：通过对炉气成分在线分析，显示炉气中 CO 和 CO_2 含量，以便决定炉气回收和放散以及调节吹氧操作，监视炉气中含氧量，以确保煤气回收安全；计算炉气中 CO 和 CO_2 带走的碳量，以便了解炼钢过程中的脱碳速度和熔池中的钢水含碳量，以控制炼钢进程。

副枪测温、定碳。副枪是安装在氧枪侧面的一支水冷枪，在水冷枪的头部安有可更换探头。副枪的功能：在不倒炉的情况下，快速检测转炉熔池钢水温度、碳含量、氧含量、液位高度以及取钢样、渣样等，以提高控制的准确性，获取冶炼过程的中间数据，是转炉炼钢计算机动态控制的一种过程检测装置。

3. 一键式炼钢

一键式炼钢是把钢水吹炼过程编成程序输入电脑，由计算机自动控制，操作人员仅需点击"确定"一个按键，即可吹炼出一炉合格的钢水。一键式炼钢不仅是保证操作稳定的基础，还是稳定控制转炉钢水源头质量的关键。

数据库设计。通过对数据采集点数据分析，建立数据库 E-R 图和关系模式，进行数据库物理设计；编制数据库程序，对数据进行初步处理。

数据库程序设计。在原二级数据平台基础上进行开发，通过创建相应的数据库通信、存储过程进行数据传输，取得系统需要的数据。

程序界面设计。根据需求，为了保证系统兼容性，确定采用基于 C/S 模式的客户端程序设计。进行详细的界面设计、数据处理和逻辑算法程序设计，实现增加、删除、修改、查找和数据导出报表功能。

系统主界面设计。建立精炼工位界面，该界面主要完成精炼温度不能自动采集的情况下预留的手工录入操作，便于保证数据的完整性。建立报表查询管理界面，在该界面完成精炼温度报表管理，可以按照时间、熔炼号、钢种、转炉号和铸机号进行组合查询，满足精炼温度管理需求。还可以导出生产报表，便于对精炼温度情况进行随时的调阅和查询。

程序测试和上线运行。按照系统需求，进行程序测试，上线试运行，根据运行情况，完善系统，满足功能需求。

任务 2.3　智能化轧钢生产认知

 **任务目标**

了解轧钢智能化。

 素质目标

1. 形成安全规范操作的职业素养。
2. 培养团队协作精神。
3. 培养"质量第一，精益求精"的工匠精神。

 **任务引入**

钢铁企业需要实现生产效率的提高、企业效益的提高，智能控制技术的广泛应用是必不可少的。同时，当前我国以环保为主导的理念也要求企业在生产过程中，对过程实现精确控制，从而减少传统轧钢工艺流程所存在的浪费和不环保现象。智能技术的应用还可以从替代原有人力资源的角度上，来节约企业生产成本，提高整体管理效率的作用。在轧钢生产过程中，可能会存在对人员安全有影响的风险，引入智能控制技术，可以起到降低生产过程中安全风险的作用。同时需要注意，在进行智能控制技术的引入和应用过程中，需要进行深入的研究，以完全地发挥出智能控制技术的优势。

当前，轧钢系统装备技术发展特征为：持续向连续化、自动化、数字化、智能化方向发展，工业机器人、大数据、互联网、新一代信息技术在轧钢智能制造方面取得了实质性进展和应用。请完成以下任务：

① 智能化控制在轧钢生产中的作用。
② 智能化控制在轧钢过程中的应用情况。

 **知识链接**

智能控制是在人工智能以及自动控制等多学科基础上发展起来的新兴的交叉学科，主要用来应对生产过程中无法解决的复杂控制问题。目前，由于社会的快速发展，钢材的需求量不断增加，智能控制技术在轧钢作业中的应用，提高了轧钢的生产效率，有助于保证产品质量，提高良品率，减少浪费，也为钢铁企业带来明显的经济效益。

智能控制技术从出现至今，已经发展出包括模糊控制、神经网络控制、专家控制等多种控制方法。智能控制技术在轧钢生产过程中的应用，主要是在轧钢设备上加设传感器，将轧钢设备的整体状态置于控制系统的监控之下，再通过可编程控制系统对设备动作进行控制。在轧钢流水线的实际运行中，设备传感器通过对机台位置的锁定，在机台经过传感器监测点后，触发传感器将信号反馈到控制系统中心，同时，控制系统中心通过扫描整个程序，当满足程序条件时，进行信号输出，控制机台到达下一个位置。轧钢工艺在整个加工作业过程中，并不属于对精度要求特别严格的作业，但在实际的作业中，精度过低，会导致产品质量低，从而造成浪费。

在轧钢工艺中，对工艺流程的精准程度有一定的要求，而在传统的控制技术中，难以对相关流程进行精确控制，从而可能会导致最终的成品不能符合相关的生产要求。同时，精确的轧钢工艺也是市场对企业和该产业的要求，在目前的市场环境中，要求企业生产出契合市场需求的产品。而智能控制技术因为能够对生产环节进行精准的控制，从而可以在很大程度上保证产品品质的稳定。在实际的轧钢生产过程中，钢材原料是存在客观上的差异的，同时其原材料成本也是有区别的，由于控制手段的不稳定，所以会在一定程度上造成原料的浪费，无形之中增加企业成本。而智能控制技术的核心优势就在于其高度的稳定性，能够减少生产过程中的浪费，对企业实际成本进行有效控制。

🧩 任务实施

随着人工神经网络、专家系统、模式识别、信息科学、认知科学、计算机科学、人脑神经网络结构和模糊逻辑等有关理论的发展，人工智能神经网络和智能专家系统形成的综合智能系统日渐对轧制技术起到了重要的推动作用，同时，也由此引起了轧制过程中控制与操作的巨大变化。随着全球经济一体化的进程日趋紧密，钢铁企业要在全球化的竞争中形成明显的竞争优势，就必须通过引入新技术来推进钢铁的生产。

1. 人工神经网络在轧钢中的应用

人工神经网络是通过模拟脑神经传递信息的方式建立起来的一种人工智能模式识别方法。由于其具有非线性动态处理及自学习、自组织、自适应等能力，因而为解决轧钢过程中的一系列问题提供了新的路径。以 BP 神经网络为例，其在实际中主要用来进行模式识别和非线性系统的函数拟合。

人工神经网络在轧钢中的实际应用，体现在对热轧带钢的轧制力预测、对冷轧变形抗力和摩擦系数的预测、识别轧辊偏心和在线质量检测等多个方面。板带钢生产工艺所采用的都是连轧方式，而轧制力预报是连轧精轧机组计算机设定的模型的核心。在轧制力预报中，涉及诸如温降模型、应力状态模型、变形抗力模型等，如果以传统的方法来进行模型设定，需要进行大量的数据采集，在预先建立的模型的基础上进行非线性回归，但统计的数据不可能是在同一环境下的数据，所以在回归模型上对于环境变动无法做到精确预报。通过神经网络进行足够的数据积累之后，可以建立起神经网络数学模型，从而进行精确的预测。

同时，在轧钢生产中，一般工厂只能在产品出厂一段时间后，才能从实验室里得到产品质量的检验结果，而通过神经网络模型，可以在线对产品质量进行预测。同时，利用相关的监测结果，神经网络智能控制可以针对生产过程中的参数进行相应调整，从而确保整体生产质量的稳定。自动在线监测系统包括光源设备、人工视觉系统、神经网络系统及专家系统等。在具体应用中，每个可能的缺陷都由一组参数来描述，神经网络通过对参数的识别来进行缺陷识别，同时将输入的信息进行过滤，剔除非缺陷数据而保留真正缺陷的信息供专家系统使用，专家系统根据从神经网络来的数据确定产品的整体质量。这个过程中需要对系统进行训练，让其掌握质量检测的能力，从而判断产品质量缺陷问题及缺陷类型。

2. PLC 系统在轧钢中的应用

由于 PLC 系统的应用，整个轧钢生产流程实现了自动控制，以简单的通信数据的形式，取代传统轧钢生产过程中的大量硬件设备。因而，无论是从控制水平还是生产效率方面，PLC 系统都有着巨大的优势，保证了轧钢生产流程的安全与效率，降低了企业在维护和运行上的成本。PLC 控制系统在轧钢生产中，通过信号对变频装置的精确控制，能对相关设备的实际转速、液压缸流量进行准确调试。

PLC 系统可以对数字信号进行识别，从而了解和控制设备中的压力、温度、液位、行程等数据，读取 PLC 系统输入的状态值即可识别出故障源，可以大大减少轧钢生产过程中的设备故障，同时，有利于工作人员及时发现故障和排除故障，保证轧钢生产的顺利进行。PLC 系统可以基于模拟量信号，通过 PLC 系统模拟量输入模块来完成对故障的诊断和识别，模拟量输入模块的输入端可以接收来自传感器的信号，而输出端以输出信号的方式，作用于对象上。PLC 系统诊断模拟量故障的过程，就是将读取到的监测信号的数值与系统预设的极限值相对比的过程。在此过程中，通过对比，PLC 可识别出故障类型。系统输入模块要完成轧钢生产设备故障检测信号、控制指令和专家知识的接收工作，通过协同这些信号、指令以及专家知识来完成对具体故障特征的识别与诊断。

项目3　认识工程制图

任务1　制图基本知识和基本技能

 任务目标

1. 了解国家标准关于制图的一般规定。
2. 掌握制图工具的使用。
3. 掌握几种常用的几何作图方法。

 素质目标

1. 培养规范操作、精益求精的职业素养。
2. 提升自主探究和小组合作的能力。
3. 培养精益求精的工匠精神和爱国情怀。

任务引入

绘制图1-3-1所示的方形垫片图形。

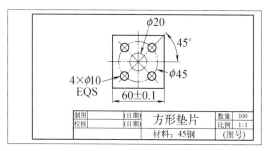

图1-3-1　方形垫片

 **知识链接**

1. 国家标准的一般规定

（1）图纸幅面和格式

为了便于图样的绘制、使用和保管，图样均应画在规定幅面和格式的图纸上。幅面用 A 加上 0 ～ 4 这 5 个数字构成的代号表示，即 A0、A1、A2、A3、A4。

（2）比例

比例是指图样中机件要素的线性尺寸与实际机件相应要素的线性尺寸之比。

（3）字体

图样中的汉字应采用长仿宋体。

（4）图线

掌握粗实线、细实线、虚线、细点画线、波浪线、双折线、粗虚线、粗点画线、双点画线等线型的应用及注意事项。

（5）标题栏的位置和内容

一般应位于图纸的右下角，标题栏中的文字方向为看图方向。标题栏的主要内容包括：零件名称、制图、校核、比例、数量、单位、日期、材料和图号。填写标题栏时，一般情况下，小格中的内容用 3.5 号字，大格中的内容用 7 号字。

（6）尺寸标注基本规则

① 机件的真实大小应以图样上所注的尺寸数值为依据，与图形的大小及绘图的准确度无关。

② 机件的每一尺寸，在图样中一般只标注一次，并应标注在反映该结构最清晰的图形上。

③ 图样中的尺寸以毫米为单位时，不须注明计量单位的代号或名称，如采用其他单位，则必须注明相应的单位代号或名称。图样中所注尺寸是该机件最后完工时的尺寸，否则应另加说明。

④ 标注尺寸时，应尽可能使用符号和缩写词。

2. 绘图工具和仪器的使用

掌握铅笔、图板和丁字尺、三角板、圆规和分规、比例尺、曲线板、模板以及其他常用绘图工具和仪器的用法及注意事项。

 **任务实施**

1. 绘图准备

根据方形垫片图样的尺寸选择图纸幅面，方形垫片最大轮廓尺寸是正方形的边长 60，因此，选择 A4 图纸幅面即可满足绘图要求。

2. 准备主要绘图工具

① 铅笔。B、HB、H 型铅笔各一支。B 型铅笔笔尖削成楔形，用于绘制粗实线，HB、H 型削成圆锥形；HB 型用于书写汉字、数字和标注尺寸，H 型用于绘制图形底稿。在绘制图线过程中一定要用力均匀，从左到右画水平线段，从上到下画垂直线段。

② 圆规。用于绘制图样中的圆，在绘制圆的过程中，一定要将金属尖垂直定在圆心位置，用力均匀顺时针或逆时针完成圆的绘制。圆规铅芯同理，绘制粗实线圆用 B 型，细实线、细点画线圆用 H 型。

③ 铅笔刀、橡皮。用于削铅笔，擦除多余或画错的图线。

④ 三角板和直尺。绘制直线。

3. 绘图步骤

步骤 1：绘制图框和标题栏。

步骤 2：用细点画线绘制两条互相垂直中点相交，交点为 O。

步骤 3：以 O 为圆心，用细点画线绘制 $\phi45$ 的圆，再通过 O 点画 45° 和 135° 的角度线，与圆相交得到 4 个交点，确定了 4 个 $\phi10$ 小圆的圆心。

步骤 4：以 O 为圆心用细实线轻轻地画 $\phi20$ 的圆。

步骤 5：加深图线，完成绘图。

步骤 6：标注尺寸。

步骤 7：填写标题栏。

任务 2　投影基础与三视图技能

 任务目标

1. 理解投影法的形成。
2. 理解三视图的形成。
3. 掌握点、线的三面投影的绘制。
4. 掌握简单平面立体、曲面立体三视图的绘制方法。

素质目标

1. 培养规范操作、精益求精的职业素养。
2. 提升自主探究和小组合作的能力。
3. 培养精益求精的工匠精神和爱国情怀。

📖 任务引入

按图 1-3-2 所示绘制正六棱柱的截交线。

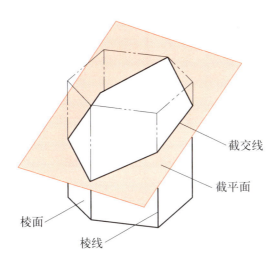

图 1-3-2   截切正六棱柱

⊕ 知识链接

1. 正投影的基本概念及三视图

投影法。日光照射物体，在地上或墙上产生影子，这种现象就叫作投影。一组互相平行的投影线与投影面垂直的投影称为正投影。正投影的投影图能表达物体的真实形状。

三视图的形成及投影规律如下。

（1）三视图的形成（图 1-3-3）

图 1-3-3（a）中，将物体放在三个互相垂直的投影面中，使物体上的主要平面平行于投影面，然后分别向三个投影面作正投影，得到的三个图形称为三视图。三个视图分别为：主视图，即正前方投影（V 面）；俯视图，即由上向下投影（H 面）；左视图，即由左向右投影（W 面）。

在三个投影面上得到物体的三视图后，须将空间互相垂直的三个投影展开摊平在一个平面上。展开投影面时规定：正面保持不动，将水平面和侧面分别绕着 X 轴和 Z 轴旋转 90° 得到图 1-3-3（b）。

（2）投影规律

视图间的对应关系：长对正，高平齐，宽相等。

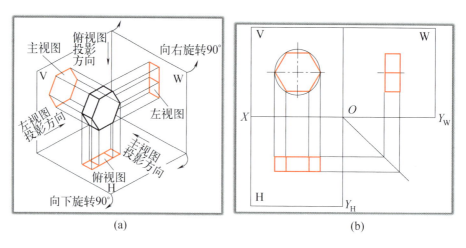

图 1-3-3　三视图的形成

2. 点的投影

（1）点的投影及其标记

图 1-3-4 所示的空间点 A（规定用大写字母表示空间点）在三个投影面上的投影：

水平投影 a，反映 A 点 X 和 Y 轴的坐标；

正面投影 a'，反映 A 点 X 和 Z 轴的坐标；

侧面投影 a''，反映 A 点 Y 和 Z 轴的坐标。

（2）点的三面投影规律

$a'a \perp OX$，即主、俯视图长对正；

$a'a'' \perp OZ$，即主、左视图高平齐；

$aa_x = a''a_z$，即俯、左视图宽相等。

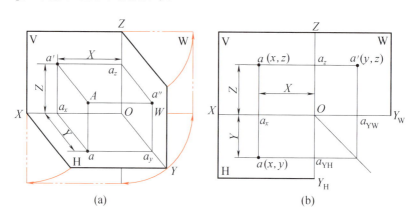

图 1-3-4　点的三面投影

应用点的投影规律，可根据点的任意两个投影求出第三投影。

3. 线的投影

（1）直线的投影图

空间一直线的投影可由直线上的两点（通常取线段两个端点）的同面投影来确定。如图 1-3-5 所示的直线 AB，求作它的三面投影图时，可分别作出 A、B 两端点的投影（a、a'、a''）、（b、b'、b''），然后将其同面投影连接起来即得直线 AB 的三面投影图（ab、a'b'、a''b''）。

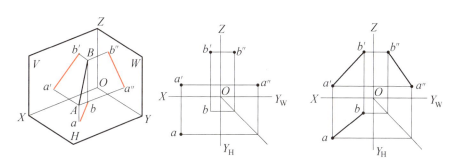

图 1-3-5　直线的投影

（2）各种位置直线的投影特性

在三投影面体系中，直线对投影面的相对位置有三种：投影面平行线、投影面垂直线和投影面倾斜线。前两种为特殊位置直线，后一种为一般位置直线。

① 投影面平行线。平行于一个投影面且同时倾斜于另外两个投影面的直线称为投影面平行线。平行于 V 面的称为正平线；平行于 H 面的称为水平线；平行于 W 面的称为侧平线。

投影特性：两平一斜。

a. 在其平行的那个投影面上的投影反映实长，并反映直线与另两投影面倾角的大小。

b. 另两个投影面上的投影平行于相应的投影轴。

② 投影面垂直线。垂直于一个投影面且同时平行于另外两个投影面的直线称为投影面垂直线。垂直于 V 面的称为正垂线；垂直于 H 面的称为铅垂线；垂直于 W 面的称为侧垂线。

投影特性：两线一点。

a. 在其垂直的投影面上，投影有集聚性。

b. 另外两个投影，反映线段实长，且垂直于相应的投影轴。

③ 一般位置直线。与三个投影面都处于倾斜位置的直线称为一般位置直线。

投影特性：三斜。

a. 直线的三个投影和投影轴都倾斜，各投影和投影轴所夹的角度不等于空间线段对相应投影面的倾角。

b. 任何投影都小于空间线段的实长，也不能积聚为一点。

4. 立体的投影

（1）平面立体的投影及表面取点

① 棱柱。棱柱由两个底面和棱面组成，棱面与棱面的交线称为棱线，棱线互相平行。棱线与底面垂直的棱柱称为正棱柱。

棱柱的投影。一正六棱柱，由上、下两个底面（正六边形）和六个棱面（长方形）组成。将其放置成上、下底面与水平投影面平行，并有两个棱面平行于正投影面。上、下两底面均为水平面，它们的水平投影重合并反映实形，正面及侧面投影积聚为两条相互平行的直线。六个棱面中的前、后两个为正平面，它们的正面投影反映实形，水平投影及侧面投影积聚为一直线。其他四个棱面均为铅垂面，其水平投影均积聚为直线，正面投影和侧面投影均为类似形。

棱柱表面上点的投影。方法：利用点所在的面的积聚性法。在平面立体表面上取点实际就是在平面上取点。首先应确定点位于立体的哪个平面上，并分析该平面的投影特性，然后再根据点的投影规律求得。

② 棱锥。

棱锥的投影。正三棱锥的表面由一个底面（正三边形）和三个侧棱面（等腰三角形）围成，将其放置成底面与水平投影面平行，并有一个棱面垂直于侧投影面。

棱锥表面上点的投影。方法：利用点所在的面的积聚性法；辅助线法。

（2）曲面立体的投影及表面取点

曲面立体的曲面是由一条母线（直线或曲线）绕定轴回转而形成的。

① 圆柱。圆柱表面由圆柱面和两底面所围成。圆柱面可看作一条直母线围绕与它平行的轴线回转而成。

圆柱的投影。画图时，一般常使它的轴线垂直于某个投影面。

圆柱面上点的投影。方法：利用点所在的面的积聚性法。

② 圆锥。圆锥表面由圆锥面和底面所围成。圆锥面可看作一条直线围绕与它交于公共顶点的轴线回转而成。在圆锥面上通过锥顶的任一直线称为圆锥面的素线。

圆锥的投影。画圆锥面的投影时，也常使它的轴线垂直于某一投影面。

圆锥面上点的投影。方法：辅助线法；辅助圆法。

✪ 任务实施

求正六棱柱的截交线。

分析：用平面切割立体，平面与立体表面的交线称为截交线，该平面称为截平面，截交线是由直线围成的平面多边形，是截平面与立体的共有线。截交线的画法步骤如图 1-3-6 所示。

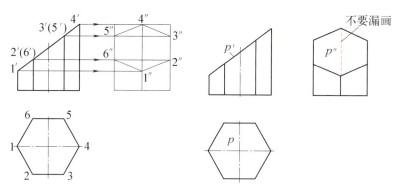

图 1-3-6　截交线的画法步骤

任务 3　组合体三视图技能

任务目标

1. 掌握组合体的三视图的绘制。
2. 掌握组合体的画法及尺寸标注。

素质目标

1. 培养规范操作、精益求精的职业素养。
2. 提升自主探究和小组合作的能力。
3. 培养精益求精的工匠精神和爱国情怀。

任务引入

绘制组合体，如图 1-3-7 所示。

图 1-3-7　组合体

⊙ 知识链接

对于组合体，必须学会运用形体分析法分析形体，即假想将组合体分解成若干个基本体，然后分析各基本体的形状、相对位置关系和它们之间的表面连接关系。

组合体的组合形式可分为叠加式、切割式、综合式三种。

1. 组合体的构成

（1）叠加式

由几个基本几何形体按一定的相对位置堆积在一起而形成的组合体，如图1-3-8（a）所示。形体间两相邻表面间的关系可分为：

① 平齐或不平齐。当两基本体表面平齐时，结合处不画分界线；当两基本体表面不平齐时，结合处应画出分界线，如图1-3-9所示。

② 相切。当两基本体表面相切时，在相切处不画分界线，如图1-3-10所示。

③ 相交。当两基本体表面相交时，在相交处应画出分界线，如图1-3-11所示。

（2）切割式

由基本几何体被挖切后形成的组合体，如图1-3-8（b）所示。

（3）综合式

叠加和切割两种基本形式的综合，如图1-3-8（c）所示。

(a) 叠加式   (b) 切割式   (c) 综合式

图1-3-8　组合体的组合形式

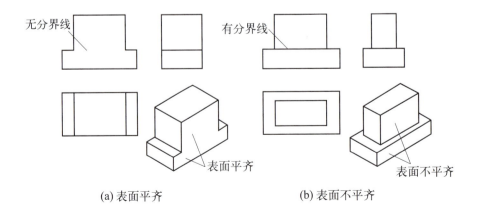

(a) 表面平齐   (b) 表面不平齐

图1-3-9　表面平齐和不平齐的画法

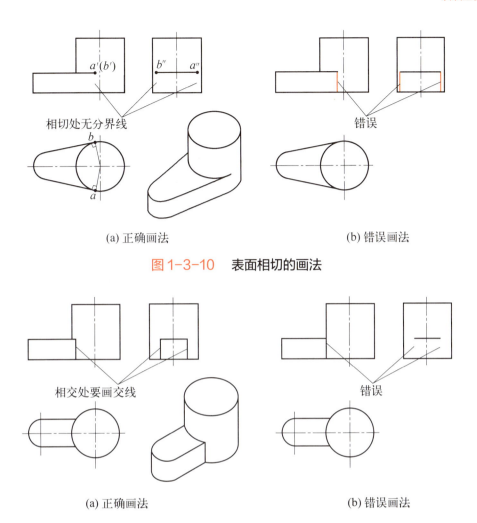

(a) 正确画法　　　　　　　　　　　(b) 错误画法

图 1-3-10　**表面相切的画法**

(a) 正确画法　　　　　　　　　　　(b) 错误画法

图 1-3-11　**表面相交的画法**

2. 标注尺寸的方法和步骤

标注尺寸不仅要求正确、完整，还要求清晰，以方便读图。为此，在严格遵守机械制图国家标准的前提下，还应注意以下几点：

① 尺寸应尽量标注在反映形体特征最明显的视图上。

② 同一基本形体的定形尺寸和确定其位置的定位尺寸，应尽可能集中标在一个视图上。

③ 直径尺寸应尽量标注在投影为非圆的视图上，而圆弧的半径应标注在投影为圆的视图上。

④ 尽量避免在虚线上标注尺寸。

⑤ 同一视图上的平行尺寸，应按"小尺寸在内，大尺寸在外"的原则来排列，且尺寸线与轮廓线、尺寸线与尺寸线之间的间距要适当。

⑥ 尺寸应尽量配置在视图的外面，以避免尺寸线与轮廓线交错重叠，保持图形清晰。

🧩 任务实施

组合体的形体分析，如图 1-3-12 所示，是在基本体上进行切割、铣槽而形成的。

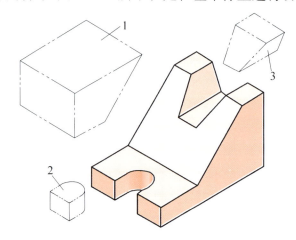

图 1-3-12　切割组合体

通过形体分析法绘制组合体三视图，步骤如下：

① 绘制组合体三视图，如图 1-3-13（a）所示；

② 绘制切割体 1 的三视图，如图 1-3-13（b）所示。

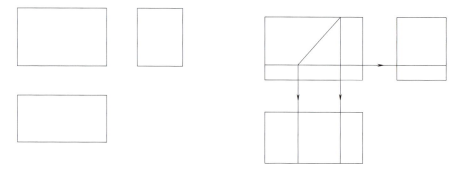

(a) 画未切割基本体的三视图　　　　　　(b) 画切割体1的三视图

图 1-3-13　切割组合体的三视图

③ 绘制切割体 2 和切割体 3 的三视图，如图 1-3-14 所示。

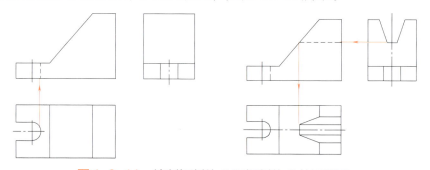

图 1-3-14　绘制切割体 2 和切割体 3 的三视图

④ 综合整理完成组合体三视图绘制，如图 1-3-15 所示。

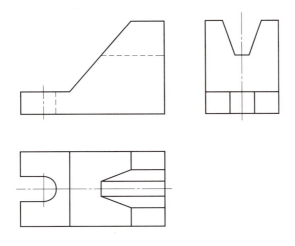

图 1-3-15　三视图成形

任务 4　零件测绘

 **任务目标**

1. 熟练掌握常用测绘工具的使用。
2. 掌握简单零件的测绘方法。
3. 能完成简单零件的测绘。

 **素质目标**

1. 培养规范操作、精益求精的职业素养。
2. 提升自主探究和小组合作的能力。
3. 培养精益求精的工匠精神和爱国情怀。

任务引入

测绘如图 1-3-16 所示的输入轴轴承端盖的零件图。

图1-3-16　输入轴轴承端盖

 知识链接

1. 什么是零件测绘

测绘就是根据实物，通过测量，绘制出实物图样的过程。与设计不同，测绘是先有实物，再画出图样，所以说，测绘工作是一个认识实物和再现实物的过程。

2. 零件草图的绘制

零件测绘工作常在机器设备的现场进行，受条件限制，一般先绘制出零件草图，然后根据零件草图整理出零件工作图。因此，零件草图绝不是潦草图。

3. 测绘中零件技术要求的确定

（1）确定几何公差

在没有原始资料时，由于有实物，可以通过精确测量来确定几何公差。但要注意两点：其一，选取几何公差应根据零件功用而定，不可采取只要是能通过测量获得实测值的项目，都注在图样上；其二，随着科技水平尤其是工艺水平的提高，不少零件从功能上讲，对形位公差并无过高要求，但由于工艺方法的改进，大大提高了产品加工的精确性，使要求不甚高的形位公差提高到很高的精度。因此，测绘中，不要盲目追随实测值，应根据零件要求，结合我国国标所确定的数值，合理确定。

（2）表面粗糙度的确定

① 根据实测值来确定。在测绘中可用相关仪器测量出有关的数值，再参照我国国标中的数值加以圆整确定。

② 根据类比法，参照《国家标准机械制图》的有关规定及相关原则进行确定。

③ 参照零件表面的尺寸精度及表面几何公差值来确定。

④ 根据热处理及表面处理等技术要求来确定。测绘中确定热处理等技术要求的前提是先鉴定材料，然后确定测绘者所测零件所用材料。注意，选材恰当与否，并不是完全取决于材料的力学性能和金相组织，还要充分考虑工作条件。一般来说，

零件大多要经过热处理，但并不是说，在测绘的图样上，都需要注明热处理要求，要依零件的作用来决定。

✦ 任务实施

零件测绘的方法和步骤。

（1）对测绘对象加以认识与剖析

首先要知晓零件的名称、用途、材质以及其在机器（或部件）里所处的位置、发挥的作用以及和相邻零件的关联，接着对零件的内部与外部结构展开分析。

就像图 1-3-16 所呈现的那样，输入轴轴承端盖归属于盘盖类零件，主要通过车床进行加工。其左端有直径 51 的孔用来连接管道；右端有直径 62 高 5 的圆形凸缘，它与阀体的凸缘相互结合，钻有 4 个 $\phi11$ 的圆柱孔，以便在和阀体连接时，能安装四个螺柱。另外，阀盖上的铸造圆角、倒角等设置，是为了契合铸造、加工的工艺需求。

（2）明确视图表达的规划

先依据展现零件形状特征的准则，按照零件的加工位置或者工作位置确定主视图；再依据零件的内外结构特性选用必要的其他视图以及剖视、断面图等表达手段。

（3）绘制零件草图

① 在图纸上确定各视图的位置。画出主视图、左视图的对称中心线以及作图基准线，如图 1-3-17 所示确定视图位置。安排视图时，要考虑给各视图留出标注尺寸的空间。

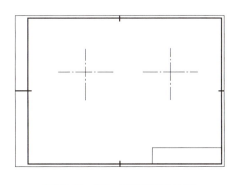

图 1-3-17　确定视图位置

② 细致地描绘出零件的内外结构形状。如图 1-3-18 所示，画图应先从主视图开始，多个视图相互配合进行。

③ 标注尺寸。先集中在各视图上标注出能反映零件特征的定形尺寸和定位尺寸，接着再标注总体尺寸，如图 1-3-19 所示。

④ 写明技术要求。按照零件的作用、加工方法等，确定表面粗糙度、尺寸公差等技术要求并予以标注。

⑤ 填写标题栏。填入零件名称、材料、绘图比例等信息。

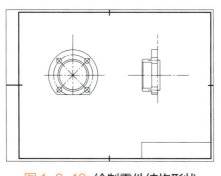

图1-3-18 绘制零件结构形状　　　图1-3-19 确定尺寸基准，加深图线

（4）依据零件草图绘制零件图（图1-3-20）

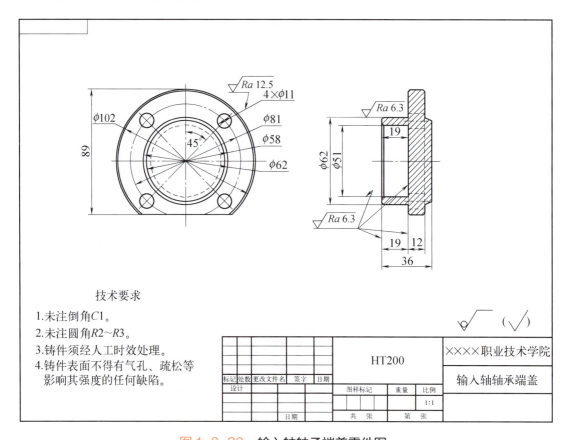

图1-3-20 输入轴轴承端盖零件图

任务5　CAD 绘图认知

 任务目标

1. 掌握 CAD 绘图的基础知识。

2. 能绘制出尺寸清晰、准确的图形。

素质目标

1. 培养规范操作、精益求精的职业素养。
2. 提升自主探究和小组合作的能力。
3. 培养精益求精的工匠精神和爱国情怀。

任务引入

用 CAD 绘制主轴零件图，并打印。

知识链接

1. 创建样板图

① 设置图幅、单位、线型比例等。

② 设置图层。新建粗实线、点画线、细实线、虚线、尺寸标注等图层，其中颜色、线型、线宽的要求按工程制图 CAD 国家标准设置。

③ 设置文字样式。新建仿宋文字样式，字体设置为仿宋；新建标注文字样式，字体可设置为仿宋，字高均设置为 0。

④ 设置尺寸标注样式。新建线性尺寸样式、线性直径尺寸样式、角度尺寸样式，所有的尺寸样式文字高度均为 3.5，线性直径样式文字前加前缀 "%%C"，角度尺寸样式文字对齐方式为 "水平"，其他按需设置即可。

⑤ 设置多重引线样式。新建多重引线样式 1，文字高度为 3.5，附着位置左右均为第一行加下画线。

⑥ 创建表面粗糙度与基准图块。在 0 图层创建带属性的表面粗糙度与基准块，均以字高 3.5 绘图。

⑦ 绘制图框与标题栏。图框一般为粗实线，可设置装订边，标题栏按国家标准绘制，也可绘制学生用简单标题栏。

⑧ 保存样板图。保存为 *.dwt 样板文件。

2. 标注几何公差

操作步骤：

① 依次执行 "注释" 选项卡—"标注" 面板—"公差"，在命令提示下，输入 LEADER。

② 指定引线的起点。

③ 指定引线的第二点。

④ 按两次回车键以显示"注释"选项。

⑤ 输入 t（公差），然后创建特征控制框。特征控制框将附着到引线的端点。

🔧 任务实施

绘制主轴零件图，如图 1-3-21 所示。

要求做到绘图精确，图形布局合理，各图要素置于相应的图层中，尺寸标注正确、完整、清晰、合理，技术要求标注规范。

① 图形分析；

② 创建 A4 样板图；

③ 以 A4 样板图新建图形文件；

④ 画图；

⑤ 标注尺寸。

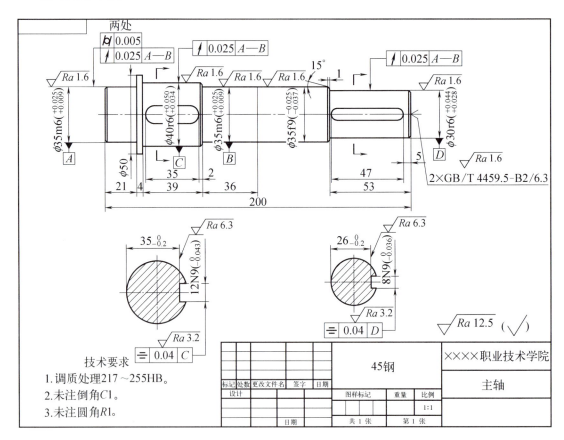

图 1-3-21　主轴零件图

实践篇

机械设备点检管理

项目1 机 械 传 动

任务 1 认识齿轮传动原理和故障类型

 职业鉴定能力

1. 了解齿轮的传动原理。
2. 了解齿轮传动的故障类型。

 核心概念

齿轮传动用来传递任意两轴之间的运动和动力，是现代机械中应用最广泛的一种机械传动。需要掌握齿轮传动的原理、类型及故障类型等并分析原因。

任务目标

1. 掌握齿轮传动的原理、类型。
2. 能找出齿轮传动的故障点并分析原因。

素质目标

1. 能够安全规范操作，具有环保意识。
2. 提升自主学习和团队合作的能力。
3. 培养"严于律己、刻苦钻研、追求卓越"的工匠精神和爱国情怀。

任务引入

减速器设备如图 2-1-1 所示，包含许多零件，如齿轮、轴、轴承等。那么，减速器是如何工作的呢？

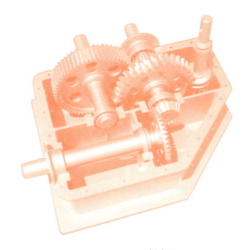

图 2-1-1　减速器

 **知识链接**

1. 齿轮传动的工作原理

齿轮传动用来传递任意两轴之间的运动和动力，是现代机械中应用最广泛的一种机械传动。优点是传递动力大，效率高，寿命长，工作平稳，可靠性高，能保证恒定的传动比，能传递任意夹角的两轴间的运动。缺点是制造、安装精度要求较高，因而成本也较高，精度低时噪声大，是机器的主要噪声源之一，不宜做轴间距过大的传动。

图 2-1-2 所示为齿轮传动的组成：主动轮和从动轮。

图 2-1-2　齿轮传动的组成

2. 齿轮传动的分类

根据两轴的相对位置和轮齿的方向，可分为：直齿圆柱齿轮传动、斜齿圆柱齿轮传动、人字齿轮传动、内啮合齿轮传动、齿轮齿条传动等，如图 2-1-3 所示。

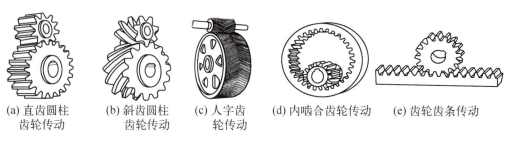

(a) 直齿圆柱　　(b) 斜齿圆柱　　(c) 人字齿　　(d) 内啮合齿轮传动　　(e) 齿轮齿条传动
　　齿轮传动　　　　齿轮传动　　　　轮传动

图 2-1-3　齿轮传动分类

3. 齿轮传动的基本要求

齿轮传动是由主动轮的齿廓推动从动轮的齿廓来实现运动的。要求传动平稳，尽量减少冲击、振动和噪声，传动比恒定。除了满足定传动比，还必须考虑设计、制造、安装和使用等方面的问题。

 任务实施

1. 齿轮故障形式

齿轮传动的故障主要发生在轮齿部位，其他部位（如齿圈、轮辐等）很少发生故障。轮齿的故障形式主要有以下五种：

① 轮齿折断；
② 齿面点蚀；
③ 齿面胶合；
④ 齿面磨损；
⑤ 齿面塑性变形。

2. 齿轮传动出现故障的原因分析及解决方法

（1）轮齿折断

原因分析：轮齿折断一般发生在齿根部位，因为轮齿受力时齿根弯曲应力最大，而且存在应力集中。折断分为两种情况，一种是在载荷的多次重复作用下，弯曲应力超过弯曲疲劳极限时，齿根部位将产生疲劳裂纹，随着裂纹的逐渐扩展，最终导致轮齿疲劳折断；另一种是轮齿因短时严重过载或冲击载荷而引起的过载折断。

解决方法：增大齿根过渡圆角半径，提高制造精度，消除刀痕，采用合适的热处理方法使齿芯具有足够的韧性，以及用喷丸、滚压等强化处理工艺，都有利于提

高轮齿的抗折断能力。

（2）齿面点蚀

原因分析：轮齿工作时，齿面接触应力是按脉动循环变化的。在载荷的多次重复作用下，若齿面接触应力超出材料的接触疲劳极限时，齿面表层就会产生细微的疲劳裂纹，裂纹的逐渐扩展，使齿面金属微粒剥落下来而形成麻点状凹坑，这种现象称为齿面点蚀。

齿面点蚀首先发生在节线附近靠近齿根的齿面上。这是由于轮齿在节线附近啮合时通常是一对齿啮合，接触应力较大；而此时两齿面间相对滑动速度低，不易形成润滑油膜，摩擦力较大；当齿面上出现疲劳裂纹后，润滑油渗入裂纹中，在接触应力的挤压作用下加快了裂纹的扩展，从而引起表面金属的剥落形成点蚀。

解决方法：提高齿面的硬度，降低表面粗糙度值，选择黏度高的润滑油等都能提高齿面的抗点蚀能力。齿面点蚀主要发生在软齿面（硬度≤50HBW）的闭式齿轮传动中。在开式传动中，由于齿面磨损较快，点蚀还来不及出现或扩展即被磨掉，所以一般看不到点蚀现象。

（3）齿面胶合

原因分析：在高速重载齿轮传动中，因齿面间的压力大，瞬时温度高，润滑效果差，当瞬时温度过高时，将致使两齿面金属直接接触并相互粘着，随着齿面的相对运动，较软的齿面沿滑动方向被撕裂而形成沟痕，这种现象称为齿面胶合。在低速重载传动中，由于齿面间的润滑油膜不易形成，也可能产生胶合破坏。

解决方法：提高齿面硬度，减小齿面的表面粗糙度值，采用抗胶合能力强的润滑油，在润滑油中加入极压添加剂等，都能提高齿面抗胶合的能力。

（4）齿面磨损

原因分析：在齿轮传动中，由灰尘、硬屑粒等落入齿面间而引起的磨损，称为齿面磨损。齿面磨损后，齿廓显著变形，齿厚减薄，产生振动和噪声，甚至轮齿过薄而导致断裂。磨损是开式传动的主要失效形式之一。

解决方法：采用闭式传动，提高齿面硬度，减小齿面的表面粗糙度值，保持润滑油的清洁等都有利于减轻磨损。

（5）齿面塑性变形

原因分析：齿面塑性变形对于齿面较软的轮齿来说较为常见，在重载下，齿面沿摩擦力的方向产生局部的塑性变形，使齿轮失去正确的齿廓。这种损坏常在低速重载、启动频繁和过载严重的传动中遇到。

解决方法：提高齿面硬度，采用黏度大的润滑油等可以提高齿面抗塑性变形的能力。

任务 2　轴承检查

 职业鉴定能力

1. 能诊断出轴承的失效形式。
2. 能够及时处理轴承故障。

 核心概念

轴承是支撑轴及轴上的回转零件的部件。根据轴承工作时摩擦性质不同，轴承可分为滑动摩擦轴承和滚动摩擦轴承两大类。检查轴承对于确保设备平稳运行、预防设备故障、延长轴承使用寿命、提高设备效率、保障生产安全、降低维护成本、预防资源浪费以及提升产品质量等方面都具有重要意义。因此，企业应重视轴承的检查工作，确保设备的长期稳定运行。

 任务目标

1. 掌握滚动轴承的基本结构。
2. 正确认识滚动轴承的常见失效形式。
3. 学会及时检测故障、分析原因并排除故障。

 素质目标

1. 培养安全规范操作的职业素养。
2. 提升自主探究和小组合作的能力。
3. 逐步培养"质量第一，精益求精"的工匠精神和爱国情怀。

📖 **任务引入**

判断滚动轴承的故障类型，分析原因并说明如何处理。

对于滚动轴承（图 2-1-4）的故障类型判断，需要综合考虑轴承运转中的声音、振动信号分析及轴承安装部位的温度等因素。针对不同故障类型，采取相应的处理措施，以确保设备的正常运行。

图 2-1-4　滚动轴承

🌀 **知识链接**

　　滚动轴承一般由外圈、内圈、滚球和保持架等基本元件组成，如图 2-1-5 所示。

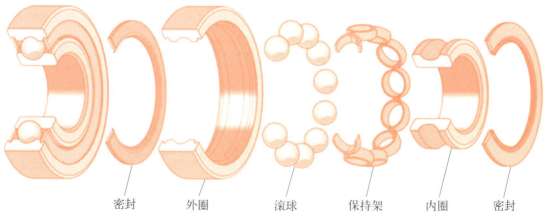

　　密封　　　　外圈　　　　　滚球　　　保持架　　　内圈　　　密封

图 2-1-5　**滚动轴承的结构**

 **任务实施**

1. 滚动轴承的常见失效形式

　　① 疲劳点蚀：滚动轴承的滚动体和内、外圈在不断的转动过程中，接触表面会受到脉动载荷的反复作用。这会在表面下一定深度处产生疲劳裂纹，进而形成疲劳

点蚀，使轴承无法正常转动。点蚀使轴承在运转中产生振动和噪声，回转精度降低且工作温度升高，使轴承失去正常的工作能力。接触疲劳点蚀是滚动轴承最主要的失效形式。

② 塑性变形：当轴承的转速很低（$n < 10$r/min）或处于间歇摆动状态时，如果受到较大的冲击载荷或静载荷，轴承滚道、滚动体接触点的局部应力可能会超过材料的屈服极限，导致塑性变形。

③ 磨损失效：当滚动轴承的滚动体和滚道之间发生相对运动时，就会产生磨损。如果污物、砂尘或剥落的铁屑进入润滑剂，它们会阻止滚道面的油膜形成，从而加剧磨损。持续的磨损会导致轴承不能正常工作，这种情况称为轴承的磨损失效。

④ 腐蚀失效：轴承的金属零件表面与环境介质发生化学或电化学反应，导致表面损伤和失效，这被称为腐蚀失效。其表现形式是生锈或化学腐蚀。

2. 轴承的寿命

轴承的寿命是指轴承从开始运转到出现第一个疲劳扩展迹象之前的累计转数、累计工作时间或运行里程。它主要受到轴承类型、尺寸、精度、载荷、温度以及材料等因素的影响。

轴承的寿命是滚动轴承最重要的设计准则和使用指标，如何更为精确地确定滚动轴承的寿命始终是轴承技术领域重要的研究方向之一，也是工程界长期关注的问题。

3. 轴承的类型选择（图 2-1-6）

① 调心球轴承：适用于承受径向载荷和较小的轴向载荷，以及承受较大载荷和轴向载荷的联合作用。

② 调心滚子轴承：适用于承受径向载荷、轴向载荷和倾覆力矩的联合作用，以及承受较大振动和冲击载荷的场合。

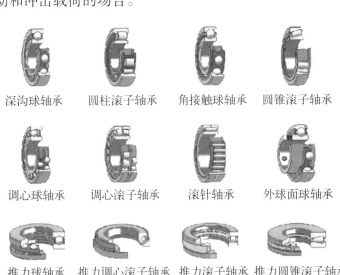

深沟球轴承　　圆柱滚子轴承　　角接触球轴承　　圆锥滚子轴承

调心球轴承　　调心滚子轴承　　滚针轴承　　外球面球轴承

推力球轴承　推力调心滚子轴承　推力滚子轴承　推力圆锥滚子轴承

图 2-1-6　滚动轴承的类型

③ 圆锥滚子轴承：适用于承受径向载荷和单向轴向载荷，特别适用于承受重载荷和冲击载荷的场合。

④ 深沟球轴承：适用于承受径向载荷，也可承受一定的轴向载荷，适用于高速旋转的场合。

⑤ 角接触球轴承：适用于承受径向载荷和单向轴向载荷，特别适用于高速、高精度、高刚性要求的场合。

⑥ 推力球轴承：适用于承受轴向载荷，特别适用于低速、高精度、高刚性要求的场合。

⑦ 推力滚子轴承：适用于承受较大的轴向载荷和径向载荷，特别适用于承受较大振动和冲击载荷的场合。

4. 轴承故障分析

（1）轴承运转中的声音

均匀而连续的"咝咝"声：这种声音是由滚动体在内外圈中旋转而产生的，一般与轴承内加脂量不足有关。处理方法是补充适量的润滑剂。连续的"哗哗"声中发出均匀的周期性"嘀罗"声：这种声音是由滚动体和内外圈滚道出现伤痕、沟槽、锈蚀斑引起的。处理方法是更换轴承。不连续的"梗梗"声：这种声音是由保持架或内、外圈破裂而引起的。处理方法是更换轴承。不规律、不均匀的"嚓嚓"声：这种声音是由轴承内落入铁屑、砂粒等杂质而引起的。处理方法是清洗轴承并重新换油。连续而不规则的"沙沙"声：这种声音一般与轴承的内圈与轴配合过松或者外圈与轴承孔配合过松有关。处理方法是对轴承的配合关系进行检查，发现问题及时修理。

（2）振动信号分析

轴承振动对轴承的损伤很敏感，例如剥落、压痕、锈蚀、裂纹、磨损等都会在轴承及振动测量中反映出来。通过采用特殊的轴承振动测量器（如频率分析器等）可测量出振动的大小，并通过频率分布推断出异常的具体情况。

（3）轴承安装部位温度过高

可能是由轴承过度磨损、润滑不良或数值计算错误等引起的。处理方法是检查轴承的润滑情况，确保润滑脂或润滑油的质量和添加量，同时检查轴承的磨损情况，如有必要进行更换。

任务 3　连接件、传动件检查

 职业鉴定能力

1. 能正确判断连接件、传动件的故障类型。

2. 能够及时排除连接件、传动件的故障。

 核心概念

　　机械连接件和传动件在机械设备中扮演着至关重要的角色。它们不仅确保设备的结构稳定性和动力传递，还直接关系到设备的工作效率、安全运行、使用寿命等方面。因此，在选择和使用机械连接件和传动件时，应充分考虑其质量、精度和可靠性，以确保设备能够长期稳定运行并发挥最佳性能。

 任务目标

　　1. 认识常用连接件。
　　2. 能正确判断连接件、传动件的故障类型。
　　3. 能够及时排除连接件、传动件的故障。

 素质目标

　　1. 培养安全规范操作的职业素养。
　　2. 提升自主探究和小组合作的能力。
　　3. 逐步培养"质量第一，精益求精"的工匠精神和爱国情怀。

 任务引入

　　传动件齿轮故障如图 2-1-7 所示。

图 2-1-7　传动件齿轮故障

知识链接

1. 常见连接件

① 螺栓和螺母（图 2-1-8）。这是最常见的机械连接件，用于将两个或多个零件通过螺纹连接在一起。螺栓通常配有螺母，通过旋紧螺母来固定和连接零件。

② 垫圈（图 2-1-9）。垫圈通常放在螺栓和螺母之间，以增加连接点之间的摩擦力，防止松动，并分散螺栓的应力。

图 2-1-8　螺栓和螺母　　　　　　　图 2-1-9　垫圈

③ 销钉（图 2-1-10）。销钉用于将两个零件或零件与机体连接，起到锁定作用。它们可以是直销、锥销或弹性销等。

④ 键（图 2-1-11）。键用于防止轴上的零件相对于轴发生旋转，通常用于轴上零件的周向固定。

图 2-1-10　销钉　　　　　　　　　图 2-1-11　键

⑤ 焊接连接（图 2-1-12）。在某些情况下，零件也可以通过焊接进行连接，形成一个永久的连接点。

2. 常见的传动件

① 齿轮（图 2-1-13）。齿轮是最常见的传动件之一，通过齿轮齿与齿之间的啮合来传递传动力。齿轮传动具有传递效率高、传动比准确等优点。

图 2-1-12　焊接

图 2-1-13　齿轮

② 带和带轮（图 2-1-14）。带和带轮用于通过摩擦力传递传动力，适用于长距离或需要柔性传动的场合。

③ 链条和链轮（图 2-1-15）。链条和链轮也是常见的传动方式，特别适用于需要传递较大力矩或需要较长传动距离的场合。

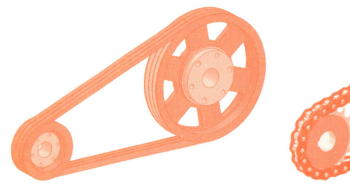

图 2-1-14　带传动

图 2-1-15　链传动

④ 蜗轮蜗杆（图 2-1-16）。蜗轮蜗杆传动用于实现大传动比和降低转速，通常用于减速装置。

⑤ 联轴器（图 2-1-17）。联轴器用于连接两个轴，使其能够共同旋转，传递扭矩。它们可以在一定角度范围内旋转，以补偿轴之间的不对中。

这些连接件和传动件在机械设计中起着至关重要的作用，它们的正确选择和使用直接影响到机械的性能、稳定性和寿命。因此，在机械设计过程中，需要仔细考虑各种因素，包括载荷、工作环境、运行要求等，以选择合适的连接件和传动件。

图 2-1-16 蜗轮蜗杆传动

图 2-1-17 联轴器

 任务实施

1. 机械设备的主要故障形式

① 磨损故障：磨损是机械设备最常见的故障形式之一。零件之间的摩擦、材料的逐渐损失会导致尺寸变化、配合间隙增大，进而影响设备的性能和精度。磨损可分为磨粒磨损、黏着磨损、疲劳磨损和腐蚀磨损等。

② 腐蚀故障：腐蚀是由化学或电化学作用导致金属材料发生破坏的过程。在机械设备中，腐蚀可能导致零件壁厚减薄、表面粗糙、强度下降，进而影响设备的使用寿命和安全性。

③ 断裂故障：断裂是机械零件在应力作用下发生的完全断裂或局部断裂。断裂故障往往会导致设备停机，甚至造成安全事故。断裂可分为过载断裂、疲劳断裂、应力腐蚀断裂等。

④ 变形故障：变形是指机械零件在外力作用下发生的形状改变。长期受力、温度变化、材料老化等因素都可能导致零件变形。变形故障会影响设备的精度和稳定性，严重时可能导致设备失效。

⑤ 疲劳故障：疲劳是由循环应力或循环应变导致材料性能下降的现象。在机械设备中，疲劳故障通常表现为零件的疲劳裂纹或断裂。疲劳故障往往与材料的疲劳极限、应力集中、工作环境等因素有关。

⑥ 电气故障：电气故障是指机械设备中电气系统出现的问题。常见的电气故障包括电路短路、断路、接触不良、电气元件损坏等。电气故障可能导致设备无法启动、运行不稳定或控制失灵。

⑦ 液压故障：液压故障是指机械设备中液压系统出现的问题。常见的液压故障包括油液污染、泄漏、压力不足，控制阀失灵等。液压故障可能导致设备动作不顺畅、精度下降或无法正常工作。

⑧ 温控故障：温控故障是指机械设备中温度控制系统出现的问题。常见的温控故障包括温度传感器失效、加热或冷却装置故障、热交换器堵塞等。温控故障可能

导致设备无法维持稳定的工作温度，进而影响设备的性能和寿命。

2. 常见故障及分析

① 连接松动或脱落：连接件如螺栓、螺母等可能由于振动、外部冲击或长期工作松动，导致连接失效。若未能及时发现并紧固，可能引发脱落，造成严重的机械故障。

② 材料老化与断裂：连接件材料长时间受力或暴露在恶劣环境中可能导致材料老化，如弹性丧失、硬度降低等。极端情况下，连接件可能发生断裂，造成设备损坏或事故。

③ 腐蚀与氧化：金属连接件在潮湿、腐蚀性环境中容易遭受腐蚀和氧化，导致材料性能下降，连接强度减弱。若不及时处理，腐蚀和氧化将加速连接件的损坏。

④ 焊接或连接处缺陷：连接件焊接处可能存在焊接缺陷，如焊缝未熔合、气孔、裂纹等。这些缺陷会降低连接强度，增加故障风险。

⑤ 过载导致的损坏：设备超载或连接件承载能力不足时，连接件可能因过载而损坏。过载不仅会导致连接失效，还可能引起其他部件的损坏。

⑥ 温度变化影响：连接件在温度变化较大的环境中工作时，由于热膨胀和收缩的差异，可能导致连接松动或应力集中。长期循环的温度变化可能导致连接件疲劳失效。

⑦ 机械损伤与撞击：机械设备在工作过程中可能受到外部物体的撞击或内部零件的摩擦，导致连接件受损。机械损伤可能引发连接失效，甚至导致设备整体故障。

⑧ 安装不当或错误：连接件在安装过程中若未按照正确的工艺和要求进行，可能导致连接不牢固或错位。错误的安装不仅影响设备性能，还可能成为故障隐患。

任务 4　认识传动系统安装规范与标准

职业鉴定能力

1. 掌握设备的状态，及时处理各种设备缺陷和隐患。
2. 对设备异常运行进行准确的分析判断，提出意见和措施。

核心概念

机械设备的动力装置和驱动轮之间所有传动部件的总称为传动系统。传动系统作为机械设备中的核心部分，其安全规范与标准的遵守对于确保设备正常运行、防止事故发生具有重要意义。

 **任务目标**

1. 熟悉设备的结构、原理，能够按照要求进行规范安装。
2. 能够对设备异常运行、故障、事故等进行正确分析判断。

素质目标

1. 培养安全规范操作的职业素养。
2. 提升自主探究和小组合作的能力。
3. 逐步培养"质量第一，精益求精"的工匠精神和爱国情怀。

任务引入

减速器（图 2-1-18）在安装的过程中要注意哪些问题？

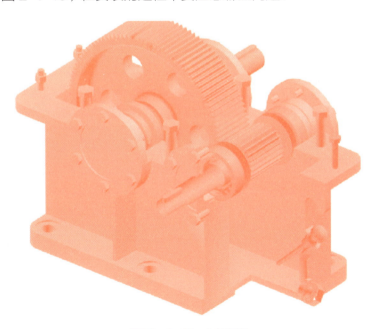

图 2-1-18 **减速器**

 **知识链接**

各部件安装要求如下。

① 传动方式选择：首先要根据设备的工作条件和需求选择合适的传动方式。例

如，如果设备需要高效且平稳的传动，可能选择齿轮传动更为合适。

②底座式安装：如果采用底座式安装，需要确保减速器的中心线高度与设备的其他部分相匹配，联轴器连接时要确保两轴的同轴度。对于柔性联轴器，需要控制浮动量在允许范围内；对于刚性连接，需要保证形位公差和各安装连接的精度。

③法兰式安装：如果采用法兰式安装，应确保凸肩（或凹肩）与设备的其他部分配合良好，避免错位。特别是在配空心轴连接时，形位公差的控制尤为重要。

④扭力臂安装：如果使用扭力臂安装，需要确保主动空心轴与被动轴配合良好，被动轴的浮动或设备振动应在弹性块允许的范围内，且力臂应固定并锁紧。

⑤润滑和密封：在安装过程中，要确保减速器的润滑系统和密封系统正确安装，以便在设备运行过程中能够提供足够的润滑并防止外部杂质进入。

⑥输出轴连接：当在输出轴上安装联轴器、带轮、齿轮、链轮等时，应避免重击，应使输出轴外端螺孔压入连接件。对于搅拌式传动，还需要考虑径向力的影响。

⑦轴连接：当空心轴与实心轴连接时，要确保配合公差符合H7/H6的要求，并涂防锈油。

⑧基础或台架：为了确保减速器的稳定运行，需要准备刚性好的基础或牢固的台架来安装传动设备。同时，需要考虑即使加上最大载荷，也不会改变装配好的各部件的位置。

⑨装配环境：确保装配环境整洁、干燥、无尘、无杂物。这是因为减速器的内部零部件非常精密，灰尘和杂物的进入会对其正常运转产生不利影响。

⑩装配顺序：按照正确的顺序进行零部件的装配，先安装关键零部件，如主轴承和油封等，然后再进行其他零部件的安装。

⑪质量检查与测试：完成装配后，要进行质量检查和必要的测试，如转速测试、载荷测试等，以确保减速器的性能和使用效果。

⑫安全防护：考虑到安全因素，应安装必要的防护罩、安全栏等，以防止人员伤害。

任务实施

传动系统的安全规范与标准如下。

（1）传动方式选择

传动方式的选择应根据设备的工作条件、负载特性、传动效率、成本等因素综合考虑。应优先选择安全、可靠、维护方便的传动方式，如齿轮传动、链传动、带传动等。

（2）传动元件安装

传动元件的安装应遵循制造商的推荐和安装指南。安装过程中应确保元件的对中、平行度和平稳性，避免安装误差导致的振动和应力集中。

（3）传动件润滑密封

传动件应定期润滑，以减少磨损和摩擦。同时，应确保传动系统的密封性，防止外部杂质和水分进入，造成传动元件的损坏。

（4）传动系统维护

应定期对传动系统进行维护检查，包括检查传动元件的磨损情况、紧固件的松动情况、润滑油的状况等。发现问题应及时处理，避免故障扩大。

（5）传动系统故障排除

当传动系统出现故障时，应通过专业人员进行故障诊断和排除。故障排除过程中应遵循安全操作规程，避免对人员和设备造成损害。

（6）传动元件质量控制

传动元件的质量对传动系统的安全稳定运行至关重要。应选择质量可靠、性能稳定的传动元件，并对其进行严格的质量控制。

（7）带轮松紧调节

对于使用带传动的设备，应定期检查带轮的松紧度，确保其处于适宜的松紧范围内。过紧或过松都可能导致带磨损加速或打滑。

（8）链传动防护罩

链传动系统应设置防护罩，以防止链条和链轮的飞溅物对人员造成伤害。防护罩应坚固可靠，且不妨碍链条的正常运行。

（9）轴与联轴器安全

轴和联轴器的设计应满足强度要求，避免断裂或脱开。同时，应定期检查轴和联轴器的对中情况，确保其处于良好的运行状态。

（10）安全防护措施

传动系统周围应设置必要的安全防护措施，如安全栏、防护罩等。此外，还应提供适当的警告标识和指示，提醒操作人员注意安全。

遵守以上安全规范与标准，可以有效提高传动系统的安全性和可靠性，减少事故的发生，保障设备和人员的安全。同时，也有助于延长设备的使用寿命，提高生产效率。

任务 5　诊断工具应用

 职业鉴定能力

从基本操作到高级分析，从个人技能到团队协作，都需要得到全面的评估和提升。能正确使用诊断工具分析预判设备故障，并根据诊断结果，制定对设备所采用的干预措施。

核心概念

　　诊断工具在故障检测与分析、设备状态监测、性能评估与优化、预防性维护管理、故障诊断与排除、寿命预测与维护、安全风险评估以及数据采集与处理等方面发挥着重要作用。通过运用这些工具，企业可以实现对设备的全面监控和管理，提高设备的可靠性、稳定性和安全性，为企业的生产和运营提供有力保障。

任务目标

　　1. 掌握常用检测工具的工作原理。
　　2. 能正确操作诊断检测工具。

素质目标

　　1. 培养安全规范操作的职业素养。
　　2. 提升自主探究和小组合作的能力。
　　3. 逐步培养"质量第一，精益求精"的工匠精神和爱国情怀。

任务引入

　　机械诊断工具在维护和管理机械设备中扮演着至关重要的角色。这些工具通过不同的技术手段，帮助工程师和维修人员识别、分析和解决机械故障。常见的机械诊断工具有哪些呢？

知识链接

　　在现代工业生产中，机械设备扮演着至关重要的角色。然而，机械设备在长时间运行过程中难免会出现各种故障。因此，机械设备故障诊断显得尤为重要。它不仅能够及时发现和处理潜在问题，还能为企业带来诸多方面的利益。

任务实施

　　① 振动分析仪器（图 2-1-19）。这类仪器通过测量和分析机械设备的振动数据，可以检测轴承、齿轮、转子等部件的故障。振动分析可以及早发现不平衡、松动或

磨损等问题，并提供解决方案。

② 噪声测量设备（图 2-1-20）。噪声是机械设备故障的常见表现之一。噪声测量设备通过收集和分析噪声频谱，可以揭示设备的异常情况，如气流干扰、部件碰撞或结构松动等。

③ 油液分析装置（图 2-1-21）。油液分析是评估机械设备运行状态的有效手段。通过分析润滑油中的颗粒物、金属磨屑和化学成分，可以预测轴承、齿轮箱和液压系统的潜在问题，并及时采取措施防止故障发生。

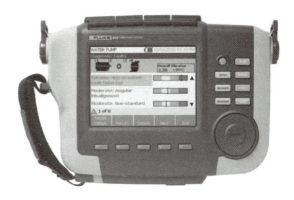

图 2-1-19　振动分析仪器

图 2-1-20　噪声测量设备

图 2-1-21　油液分析装置

④ 热像仪（图 2-1-22）。热像仪能够捕捉机械设备的表面温度分布，帮助识别热点、过热区域和潜在的故障点。这对于发现电气连接不良、轴承摩擦异常等问题非常有用。

⑤ 超声波检测器（图 2-1-23）。超声波检测器利用超声波在材料中的传播特性，检测裂缝、腐蚀和内部缺陷。这种非破坏性测试方法广泛应用于金属结构和管道的

图 2-1-22　热像仪

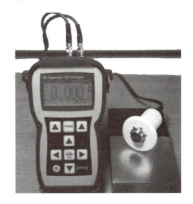

图 2-1-23　超声波检测器

故障诊断。

⑥ 应力应变测量仪（图 2-1-24）。应力应变测量仪用于评估机械部件在工作状态下的应力和应变分布。这对于预防疲劳断裂、优化设计以及验证材料性能具有重要意义。

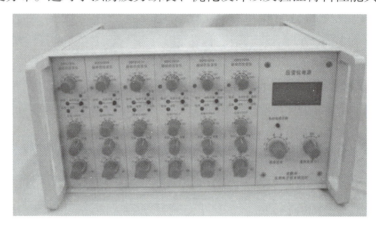

图 2-1-24　应力应变测量仪

⑦ 红外测温仪（图 2-1-25）。红外测温仪通过测量物体发出的红外辐射，快速准确地获取其表面温度。这对于监测设备运行状态、识别热故障以及预防热相关问题非常有效。

⑧ 激光对中仪（图 2-1-26）。激光对中仪用于检测机械设备轴的对中情况，确保轴和轴承的正确安装和运行。对中不良可能导致振动、磨损和效率下降，因此激光对中仪在旋转机械的安装和维护中非常关键。

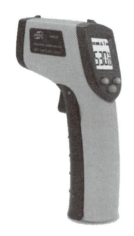

图 2-1-25　红外测温仪　　　　　图 2-1-26　激光对中仪

这些机械诊断工具各有特点和适用范围，根据实际需求和诊断目的选择合适的工具至关重要。它们的组合使用可以提供全面的机械故障诊断信息，帮助维修人员快速准确地定位和解决问题。

 **项目2** 液压与气压系统检测与维护

任务1 认识液（气）压传动

 职业鉴定能力

1. 能够理解液（气）压传动的工作原理并判断液（气）压系统的运行状态。
2. 能够进行液（气）压设备的日常点检。

 核心概念

液压传动是以液体为工作介质，利用液体的压力能传动运动和动力的一种传动方式。
气压传动是以气体为工作介质，利用气体的压力能传动运动和动力的一种传动方式。
液（气）压传动装置实质上是一种能量转换装置，将原动机的机械能转为压力能，
又由执行机构将压力能转换为机械能。

任务目标

1. 掌握液（气）压传动的工作原理、组成和应用特点。
2. 正确选择液压元件，组装调试、运行平面磨床工作台液压系统。
3. 能够判断平面磨床工作台液压系统的运行状态。
4. 能够进行平面磨床的日常点检。

 **素质目标**

1. 提高自主学习能力。

2.培养沟通、协调能力。

3.培养精益求精的工匠精神和爱国情怀。

 任务引入

图2-2-1所示为平面磨床工作台液压系统。请完成下列任务：

（1）试分析平面磨床工作台液压系统的组成，并组装调试运行该液压系统回路。

（2）控制两位四通电磁换向阀通、断电，判断液压缸的运行状态。

（3）平面磨床日常点检。

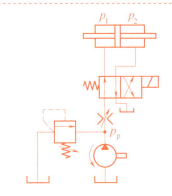

图2-2-1　平面磨床工作台液压系统

 知识链接

1. 知识准备

（1）液压传动的工作原理、组成及应用特点

① 液压传动工作原理。如图2-2-2所示，液压千斤顶的工作原理如下。

吸油过程：抬起杠杆手柄6，小油缸8密封容积增大形成局部真空，压力降低，油箱中的油液在大气压作用下，打开单向阀9，进入小油缸8。

压油过程：压下杠杆手柄6，小油缸8密封容积减小，压力升高，单向阀9关闭，单向阀5打开，油液进入大油缸3，推动活塞上移，重物上升一段距离。

不断抬起、压下杠杆手柄，重物不断上升。打开放油阀2，重物落回。

② 液压系统的组成。

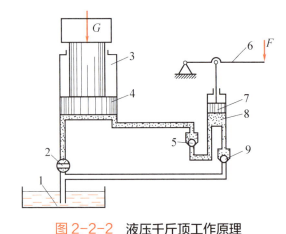

图2-2-2　液压千斤顶工作原理

1—油箱；2—放油阀；3—大油缸；4—大活塞；
5，9—单向阀；6—杠杆手柄；7—小活塞；8—小油缸

动力元件：将机械能转换为液体压力能的装置——液压泵。

执行元件：将液体压力能转换为机械能的装置——液压缸和液压马达。

控制元件：控制和调节液体的压力、流量和流动方向的装置——液压阀。

辅助元件：对工作介质起到容纳、净化、加热和实现元件间连接等作用的装置，如油箱、过滤器、加热器和油管等。

传动介质：传递能量的液体——液压油。

③液压系统的特点及应用场合。

特点：传动功率大、能传递大的力和力矩、传动平稳、易于实现无级调速、容易实现过载保护、易于实现自动化控制，但传动效率相对较低、对温度变化敏感、故障诊断困难。

应用场合：机床、汽车、航天、工程机械、矿山机械、建筑机械、农业机械、冶金机械、轻工机械和各种智能机械上。

（2）气压传动的工作原理、组成及应用特点

①气压传动工作原理。如图 2-2-3 所示，气动剪切机的工作原理如下。

剪切前，当将工料 11 送入剪切机并到达预定位置时，工料将行程阀 8 的阀芯向右推，换向阀 9 A 腔内的压缩空气经行程阀 8 排出，在弹簧力的作用下换向阀 9 阀芯下移，气缸 10 上腔内的压缩空气排出，同时下腔进入压缩空气，推动活塞带动剪刀快速向上运动将工料切下。

工料被切下后，工料与行程阀 8 脱开，行程阀 8 复位，将排气口封死，换向阀 9 A 腔压力上升，阀芯上移，气路换向，压缩空气进入气缸 10 上腔，推动活塞带动剪刀向下运动，气缸 10 下腔内的压缩空气经换向阀 9 排出，剪口恢复到初始预备状态。

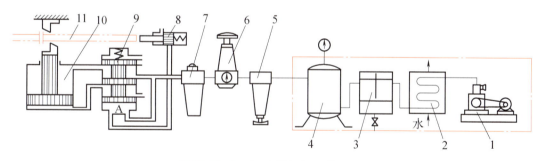

图 2-2-3　气动剪切机工作原理

1—空气压缩机；2—后冷却器；3—油水分离器；4—气罐；5—空气过滤器；
6—压力控制阀；7—油雾器；8—行程阀；9—气控换向阀；10—气缸；11—工料

②气压系统组成。

气源装置：将原动机的机械能转换为空气的压力能，是获取压缩空气的装置——空气压缩机。

执行元件：将压缩空气的压力能转换为机械能的装置——气缸和气马达。

控制元件：控制和调节气体的压力、流量和流动方向的装置——气动阀。

辅助元件：保持压缩空气清洁、干燥、消除噪声以及提供润滑等作用，以保证气动系统正常工作的装置——过滤器、干燥器、消声器和油雾器等。

③气动系统的特点及应用场合。

特点：以空气为工作介质，成本低廉且环保，维护简单，流动损失小，便于远距离输送，动作迅速，反应灵敏，可以实现过载自动保护，提高系统的安全性。但输出力（或力矩）较小，速度和定位精度受限，排气噪声大，高速排气时需设置消声器，空气本身无润滑性能，为了确保气动元件的正常运行和延长使用寿命，需另加润滑装置进行润滑。

应用场合：气动系统以其高效、灵活、安全、低成本和环保等特点，在工业生产、轻工业、能源工业、冶金工业、化工与橡塑、电子信息、机械手及机器人、交通运输和航空航天等多个领域得到了广泛应用。

2. 技能准备

（1）液压系统组装准备

①保持动力装置、管路连接和元件的清洁。

②注意污染和水分，保证周围环境清洁，来自周围环境的污染物一定不能进入油箱！

③检查所需液压元件是否齐全、功能是否正常。

（2）液压设备

①液压设备的日常点检项目及内容见表2-2-1。

表2-2-1　液压设备的日常点检项目及内容

序号	项目	内容
1	油箱液位	在规定范围内
2	油温	在规定范围内
3	系统（或回路）压力	压力稳定，与要求的设定值相一致
4	噪声、振动	无异常噪声和振动
5	行程开关和限位块	紧固螺钉无松动，位置正确
6	漏油	全系统无漏油
7	执行机构的动作	动作平稳，速度符合要求
8	各执行机构的动作循环	按规定程序协调动作
9	系统的联锁功能	按设计要求动作准确

②液压设备的定期点检项目及内容见表2-2-2。

表2-2-2　液压设备的定期点检项目及内容

序号	项目	内容	周期
1	液压件安装螺栓、液压管路法兰连接螺栓、管接头	定期紧固	（1）10MPa以上系统，每月一次 （2）10MPa以下系统，每3个月一次
2	蓄能器充气压力检查	充气压力符合设计要求	每3个月一次

续表

序号	项目	内容	周期
3	蓄能器壳体的检验	按压力容器管理的有关规定	按压力容器管理的有关规定
4	滤油器及空气滤清器	定期清洗或更换	按滤清器的污染报警指示或一般系统在粉尘等恶劣环境下工作的情况，建议每4～6周进行定期清洗或更换

 任务实施

1. 试分析平面磨床工作台液压系统的组成，并组装调试运行该液压系统回路

（1）平面磨床工作台液压系统的组成

图2-2-1所示的平面磨床工作台液压系统由动力元件（液压泵）、控制元件（节流阀）、执行元件（液压缸）、辅助元件（油箱）组成。

（2）液压系统回路组装步骤

① 根据任务要求正确选择液压元件，在实训台上合理布局，按图2-2-1所示连接出正确的液压回路。

② 启动液压泵，调整系统压力，停止泵的运转。

③ 控制两位四通电磁换向阀通、断电。

④ 观察液压缸运行状态，对运行过程中遇到的问题进行分析和解决。

⑤ 停止泵的运转，关闭电源，拆卸管路，将元件放回原来的位置。

2. 控制两位四通电磁换向阀通、断电，判断液压缸的运行状态

当两位四通电磁换向阀断电时，液压缸活塞伸出（其速度由节流阀调节）；当两位四通电磁换向阀通电时，液压缸活塞返回。

3. 平面磨床日常点检

平面磨床日常点检见表2-2-3。

表2-2-3　平面磨床日常点检

序号	项目	内容
1	液压阀、液压缸及管接头	无外泄漏现象
2	液压泵或电动机	运转时无异常噪声
3	液压缸移动	移动正常且平稳
4	各测压点压力	在规定范围内且稳定
5	监测油温	在允许范围内
6	系统工作时的振动情况	避免高频振动
7	换向阀工作	灵敏可靠
8	油箱内油量	油量在油标刻度线范围内
9	电气行程开关或挡块的位置	无变动
10	系统手动或自动工作循环	无异常现象

任务 2　液（气）压元件应用

任务 2.1　认识液（气）压泵

 职业鉴定能力

能分析液（气）压泵常见故障并提出排除方法。

 核心概念

液（气）压泵是液（气）压系统的动力元件，其作用是将原动机输出的机械能转换为液（气）体的压力能向系统提供能量。

任务目标

1. 掌握液（气）压泵的分类、结构、原理、特点及应用和符号。
2. 会分析液（气）压泵常见故障并提出排除方法。

素质目标

1. 提高自主学习能力。
2. 培养沟通、协调能力。
3. 培养精益求精的工匠精神和爱国情怀。

任务引入

某钢管厂，中修前，460 精整区域矫直机液压站液压泵在生产过程中频繁损坏，严重影响生产节奏。请完成下列任务：

试分析故障原因，并提出解决办法。

知识链接

1. 知识准备

（1）液压泵

液压泵是将原动机输出的机械能转换为液体压力能的能量转换装置。

① 分类。泵按结构不同分为：齿轮泵、叶片泵和柱塞泵。

② 工作原理。图 2-2-4 所示为单柱塞泵的工作原理，偏心轮旋转推动柱塞往复运动，柱塞和缸体之间的密封工作容积大小发生变化。当密封工作容积增大时，压力减小，吸油；当密封工作容积减小时，压力增大，压油。

液压泵符号见表 2-2-4。

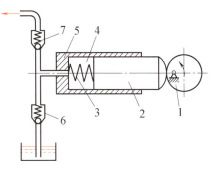

图 2-2-4　单柱塞泵工作原理
1—偏心轮；2—柱塞；3—弹簧；
4—密封工作容积；5—泵体；
6，7—单向阀

表 2-2-4　液压泵的符号

描述	符号
变量泵（顺时针方向旋转）	
变量泵（双向流动，带有外泄油路，顺时针单向旋转）	
变量泵/马达（双向流动，带有外泄油路，双向旋转）	
定量泵/马达（顺时针方向旋转）	

（2）齿轮泵

① 分类。齿轮泵分为外啮合齿轮泵和内啮合齿轮泵。

② 工作原理。图 2-2-5 所示为外啮合齿轮泵的工作原理，当泵体内的一对齿轮

旋转，两轮齿之间、泵体内表面、前后泵盖围成的密封工作容积 V_1、V_2 的大小发生变化。当两轮齿脱开啮合时，密封工作容积 V_1 增大，压力减小，吸油；当两轮齿进入啮合时，密封工作容积 V_2 减小，压力增大，压油。

③ 特点及应用。结构简单、制造维护容易、自吸能力强、工作可靠、抗污染能力强等，但径向力不平衡、噪声大、流量脉动大等，所以广泛应用于低压和环境恶劣的场合。

（3）叶片泵

① 分类。叶片泵分为单作用叶片泵和双作用叶片泵。

② 工作原理。

a. 图 2-2-6 所示为单作用叶片泵的工作原理，定子是圆形，与转子偏心安装，转轴带动转子旋转，在离心力的作用下叶片甩出与配油盘、定子、转子之间形成若干可变的密封工作容积。转子逆时针方向旋转，右边密封工作容积逐渐增大，压力减小，吸油；左边密封工作容积逐渐减小，压力增大，压油。

b. 图 2-2-7 所示为双作用叶片泵的工作原理，定子是椭圆形，与转子同心安装，转轴带动转子旋转，在离心力的作用下叶片甩出与配油盘、定子、转子之间形成若干可变的密封工作容积。转子顺时针方向旋转，密封工作容积 $c\text{-}b$、$c'\text{-}b'$ 逐渐增大，压力减小，吸油；密封工作容积 $a\text{-}d$、$a'\text{-}d'$ 逐渐减小，压力增大，压油。

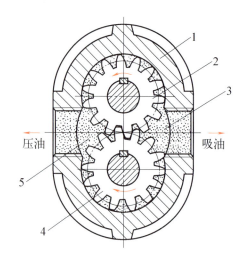

图 2-2-5　外啮合齿轮泵工作原理

1—泵体；2，4——一对外啮合齿轮；3—密封工作容积 V_1；5—密封工作容积 V_2

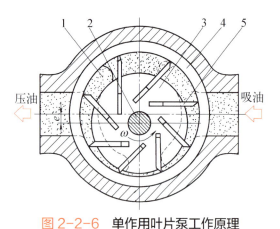

图 2-2-6　单作用叶片泵工作原理

1，5—配油盘；2—传动轴；3—转子；4—定子；ω—转子的角速度；e—偏心距

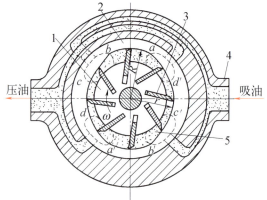

图 2-2-7　双作用叶片泵工作原理

1—转子；2—定子；3—叶片；4—泵体；5—配油盘；R—长圆弧半径；r—短圆弧半径

③ 特点及应用。结构紧凑、体积小、重量轻、流量均匀、运转平稳、噪声小、寿命长，但吸油特性差，对油液污染较敏感，适用于中高压系统。

（4）柱塞泵

① 分类。柱塞泵分为径向柱塞泵和轴向柱塞泵。

② 工作原理。

a. 图 2-2-8 所示为径向柱塞泵的工作原理，定子是圆形的，与转子偏心安装，转轴带动转子旋转，在离心力的作用下柱塞紧压在定子的内壁面上与配油盘、缸体之间形成若干可变的密封工作容积。转子顺时针方向旋转，上半周柱塞逐渐向外伸出，密封工作容积不断增大，压力减小，吸油；下半周柱塞逐渐压回，密封工作容积不断减小，压力增大，压油。

b. 图 2-2-9 所示为轴向柱塞泵的工作原理，转轴带动缸体旋转，在离心力的作用下柱塞紧压在斜盘上与配油盘、缸体之间形成若干可变的密封工作容积。转子如图方向旋转，上半周柱塞逐渐向外伸出，密封工作容积逐渐增大，压力减小，吸油；下半周柱塞不断压回，密封工作容积不断减小，压力增大，压油。

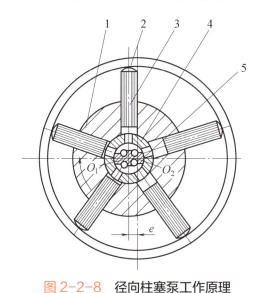

图 2-2-8　径向柱塞泵工作原理

1—转子；2—定子；3—柱塞；4—衬套；
5—配油轴；O_1—定子圆心；O_2—转子圆心

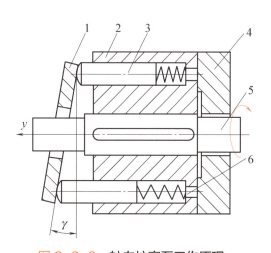

图 2-2-9　轴向柱塞泵工作原理

1—斜盘；2—缸体；3—柱塞；4—配油盘；
5—传动轴；6—弹簧；γ—斜盘倾角

③ 特点及应用。密封性能好、效率高、流量可调、使用寿命长，油液压力一般在 20 ～ 40MPa，最高可达 100MPa，但价格高、对油液污染较敏感，所以用于高压大流量系统。

（5）空气压缩机

空气压缩机是将机械能转换成压力能的装置，是产生和输送压缩空气的机器。

工作原理：图 2-2-10 所示为空气压缩机的工作原理，曲柄 8 做回转运动，带动气缸活塞 3 做直线往复运动。当活塞 3 向右运动时，为吸气过程；当活塞向左运动时，为排气过程。

空气压缩机符号如图 2-2-11 所示。

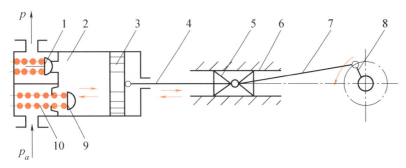

图 2-2-10   空气压缩机工作原理

1—排气阀；2—气缸；3—活塞；4—活塞杆；5,6—十字头与
滑道；7—连杆；8—曲柄；9—吸气阀；10—弹簧

图 2-2-11   空气
压缩机符号

2. 技能准备

① 液压泵常见故障、产生原因及排除方法见表 2-2-5。

表 2-2-5   液压泵常见故障、产生原因及排除方法

常见故障	产生原因	排除方法
液压泵不排油或排油量不足	油箱中油液不足，油液液面太低导致吸油不连续	及时添加液压油，保证油箱中的油液量符合要求
	吸油管路中的过滤器堵塞或过滤器孔太小，导致吸油阻力大	按时清理滤油器或在满足工作需要的条件下，选择通过能力强的过滤器
	液压泵密封不良，有空气进入引起吸油困难或液压泵与其他元件连接松动，导致泄漏增大	检查液压泵的密封性能，更换磨损严重的零部件；检查液压泵与其他元件的各结合面，确保各紧固件连接正常
液压泵工作时有噪声或振动剧烈	液压泵内部有空气或油箱内液面低导致泵吸入空气	检查液压泵本身及泵与其他元件接合是否正常，防止紧固件松动而吸入空气，同时检查油箱液面高度，避免油箱内油液的液面过低
	油液中杂质较多，污染严重	按时检查油液清洁度，及时更换干净的液压油
	液压泵内部零部件损坏或磨损严重	拆修液压泵，更换磨损零部件或直接送厂检修
	液压泵吸油管路直径太小、管路弯曲和死角太多或过滤器堵塞导致吸油不足	根据要求选用合适的吸油管径，并在安装时尽量减小弯曲，同时及时清理滤油器
液压泵异常发热或油液温度过高	间隙选配不当，如齿轮与侧板、叶片与转子槽等配合间隙过小，导致滑动部位过热烧伤	拆开清洗，测量间隙，重新配研达到规定间隙
	油液污染而严重变质，导致泵的吸油阻力大	定期更换油液，避免油液污染
	回油未经油箱冷却就被液压泵吸入	将回油口与泵进油口隔开一段距离，并在油箱内设置折流板
	油液中混入空气或水分，当液压泵吸油或排油时，空气和水分会导致油温迅速升高	检查有关密封部位，严格按要求进行密封

② 空气压缩机常见故障、产生原因及排除方法见表 2-2-6。

表 2-2-6　空气压缩机常见故障、产生原因及排除方法

常见故障	产生原因	排除方法
空压机无法启动	电源问题	确认电源插座、开关和电缆是否完好无损，确保电源供应稳定
	电机故障	测试电机的连续性和绝缘性，检查启动器的接触器和继电器是否工作正常
	控制系统问题	检查控制面板和相关电路是否有故障
空压机输出的压力达不到设定值	系统泄漏	使用肥皂水或专用检漏仪检查管道连接、阀门和接头是否有泄漏
	压缩效率下降	检查活塞、环和气缸是否磨损，确保压缩效率
	过滤器堵塞	检查进气过滤器和油气分离器，必要时进行清洁或更换
异常噪声	轴承损坏、润滑不足	检查所有轴承是否有磨损，确保润滑系统有效运作
	部件松动	检查螺钉、螺栓和机械部件的紧固情况，防止因振动造成的噪声

 任务实施

分析故障原因，并提出解决办法。

通过拆解损坏的液压泵发现液压泵轴承损坏严重，根据这一现象，技术人员到现场进行现场勘察，发现当生产节奏提高后矫直机液压站就出现液压泵吸空现象，导致轴承润滑不到位，轴承损坏，泵体温度高，甚至出现高温壳体冒烟现象。找到问题症结后，技术人员利用此次中修将油箱排空，通过增大吸油口管路内径及增加蓄能器的方式提高液压站瞬时工作流量以满足液压泵的正常生产工作需要。改造项目完成，试车效果良好，恢复生产后系统运行平稳。此次改造彻底解决了矫直机液压站压力波动大、液压泵频繁损坏的问题，延长了液压泵的使用寿命，保证了矫直精度和现场的生产节奏。

任务 2.2　认识液（气）压控制阀

 **职业鉴定能力**

能分析液（气）压控制阀常见故障及排除方法。

 **核心概念**

液（气）压控制阀是液（气）压系统的控制调节元件，其作用是控制液（气）压系统中液（气）体的方向、压力和流量。

任务目标

1. 掌握液（气）压控制阀的分类、功用及符号。
2. 会分析液（气）压控制阀常见故障及排除方法。

素质目标

1. 提高自主学习能力。
2. 培养沟通、协调能力。
3. 培养精益求精的工匠精神和爱国情怀。

任务引入

某钢厂点检员发现炼钢炉液压系统在运行过程中，压力表显示压力波动较大，影响设备的精度和稳定性。请完成下列任务：

请分析压力表显示压力波动较大的原因、点检过程和维护措施。

知识链接

1. 知识准备

（1）液压控制阀

液压控制阀是液压系统中的控制调节元件，其功用是控制液体方向、压力和流量，以使执行元件获得所需要的运动方向、运动速度和作用力等。

液压控制阀按功用不同分为：方向控制阀、压力控制阀和流量控制阀。

① 方向控制阀。

方向控制阀的功用：控制液压系统中油液的流动方向。

方向控制阀分为：单向阀和换向阀。

a. 单向阀分为：普通单向阀（简称单向阀）和液控单向阀，见表2-2-7。

表2-2-7 普通单向阀和液控单向阀

元件名称	功用	符号
普通单向阀	只允许油液沿一个方向流动，不允许反向流动	P_1 —◁◯— P_2

续表

元件名称	功用	符号
液控单向阀	允许油液正向流动，当液控口接通压力油时，允许油液反向流动，否则，不允许反向流动	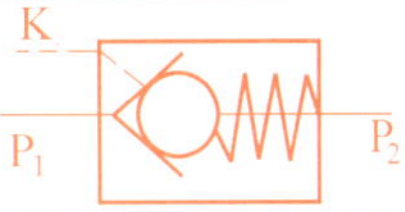

b. 换向阀的功用：接通、切断油路或改变液压系统中油液的流动方向，以便实现执行元件启动、停止或换向，见表 2-2-8。

表 2-2-8　换向阀的分类及符号

分类方法	类型	符号
按阀的工作位置和通路数分	二位二通	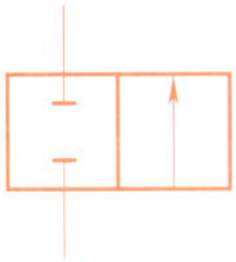
	二位三通	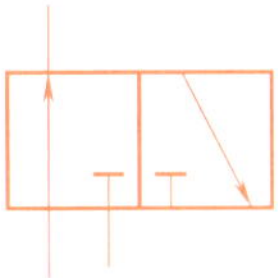
	二位四通	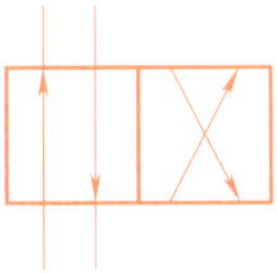
	二位五通	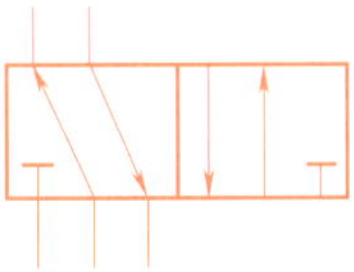
	三位四通	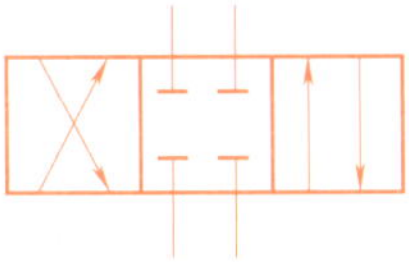
	三位五通	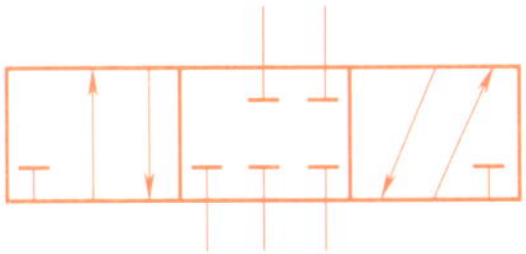
按操纵方式分	手动	
	机动	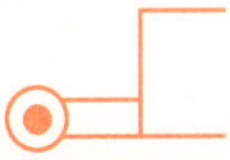
	电磁动	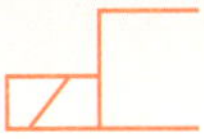

分类方法	类型	符号
按操纵方式分	液动	
	电液动	

② 压力控制阀。

压力控制阀的功用：控制液体压力或利用液体压力变化作为信号来控制液压系统中其他元件的动作。

压力控制阀分为：溢流阀、减压阀和顺序阀，见表 2-2-9。

表 2-2-9　压力控制阀的分类及符号（一）

元件名称	类型	符号	功用
溢流阀	直动式		控制液压系统进油口压力基本恒定，实现定压溢流或安全保护等作用
	先导式		
减压阀	直动式		降低液压系统中某一支路的液体压力，使用一个油源能同时提供两个或多个不同压力的输出
	先导式		
顺序阀	直动式		通过液体压力作用来控制阀芯启闭实现油路通、断，以便完成液压缸的顺序动作
	先导式		

③ 流量控制阀。

流量控制阀的功用：通过改变阀口通流面积的大小来控制流量，从而调节执行元件的运动速度。

流量控制阀分为：节流阀和调速阀，见表 2-2-10。

表 2-2-10　流量控制阀的分类及符号（一）

元件名称	符号	应用特点
节流阀	P_1　　　P_2	节流阀的流量受负载和温度影响较大，输出流量不稳定。适用于负载和温度变化不大或速度稳定性要求不高的液压系统
调速阀	P_1　　　P_2	输出流量稳定且不受负载的影响。适用于负载和温度变化大或速度稳定性要求较高的液压系统

（2）气动控制阀

气动控制阀的作用：控制气体方向、压力和流量，确保气动执行元件能够按预定方式运行。

气动控制阀按功用不同分为：方向控制阀、压力控制阀和流量控制阀。

① 方向控制阀。

方向控制阀的作用：改变气流的方向或实现气路的通断，确保气体能够按照预定的路径流动。

方向控制阀分为：单向型控制阀和换向型控制阀，见表 2-2-11。

表 2-2-11　方向控制阀的分类及符号

方向控制阀分类		符号	描述
单向型控制阀	单向阀		气流只能向一个方向流动，不能反向流动
	或门型梭阀		相当于两个单向阀的组合，其作用相当于"逻辑或"
	与门型梭阀（双压阀）		相当于两个单向阀的组合，作用相当于"逻辑与"
	快速排气阀		使气缸快速排气，缩短工作周期
换向型控制阀	气压控制换向阀		两位三通差动先导控制
			三位五通直动式，弹簧对中，中位时两出口都排气

方向控制阀分类		符号	描述
换向型控制阀	电控制换向阀		两位两通电磁铁控制，弹簧复位，常开
			两位三通电磁铁控制，弹簧复位，常开
			两位四通电磁铁控制，弹簧复位
			三位四通电磁铁控制，弹簧对中
	机械控制换向阀		两位三通滚轮杠杆控制，弹簧复位
	人力控制换向阀		推压控制
			踏板控制
			两位五通手柄控制，带有定位机构

② 压力控制阀。

压力控制阀的作用：控制气动系统中的压力，保持系统压力的稳定或按需调节压力。

压力控制阀分为：溢流阀、减压阀和顺序阀。见表 2-2-12。

表 2-2-12　压力控制阀的分类及符号（二）

压力控制阀分类	符号	描述
溢流阀		直动式溢流阀，开启压力由弹簧调定

续表

压力控制阀分类	符号	描述
减压阀		直动式减压阀（内部流向可逆）
顺序阀		外部控制

③ 流量控制阀。

流量控制阀的作用：控制气体在系统中的流量，实现精确的流量调节。

流量控制阀分为：节流阀和单向节流阀，见表 2-2-13。

表 2-2-13　流量控制阀的分类及符号（二）

流量控制阀分类	符号	流量控制阀分类	符号
节流阀		单向节流阀	

2. 技能准备

液压控制元件的常见故障及排除方法（表 2-2-14）。

表 2-2-14　液压控制元件常见故障及排除方法

控制元件名称	常见故障	排除方法
方向控制阀	阀芯运动异常	检查电路连接，更换损坏的电磁铁线圈；如果弹簧侧弯，更换新的弹簧；清理阀芯与阀体之间的杂质，修复或更换损坏的部件；确保液压油质量符合要求，避免油温过高
	换向不准确	更换损坏的密封件并紧固螺钉
压力控制阀	压力无法调节	检查并清理主阀芯阻尼孔；更换断裂或太软的弹簧；确保阀芯与阀座配合紧密，无泄漏
	压力波动大	检测液压系统中的空气量，并及时排除；确保阀门实际流量在额定范围内
流量控制阀	流量不稳定	清理节流阀芯中的毛刺和油中的污垢；对阀孔进行研磨或重新加工，确保公差符合要求；对于生锈的阀芯，进行彻底清洗；确保液压油清洁度达到要求
	节流阀调整失效	确保液压油清洁度达到要求；如果节流阀损坏严重，考虑更换新的节流阀

气压控制元件的常见故障及排除方法见表 2-2-15。

表 2-2-15   气压控制元件常见故障及排除方法

控制元件名称	常见故障	排除方法
方向控制阀	阀芯卡滞	定期清理阀体内的杂质，保持阀体内部清洁；确保阀芯与阀座之间的润滑良好，必要时添加润滑剂
	换向不准确	对于损坏的密封件，及时更换以确保密封性能；检查弹簧是否失效，如有必要进行调整或更换
压力控制阀	压力不稳定	检查并调整气源压力，确保气源压力稳定且符合控制阀的要求
	漏气	定期检查和更换密封件，确保密封良好
流量控制阀	流量不足	定期清洁阀芯和阀口，防止堵塞和磨损。检查和调整调节机构，确保其紧固且工作正常
	流量波动	确保气源压力稳定，减少流量波动。检查和调整调节机构，确保其紧固且工作正常

✳ 任务实施

1. 某钢厂炼钢炉液压系统在运行过程中，压力表显示压力波动较大的原因分析

① 气体随液压油进入液压系统；
② 主阀芯与阀座配合不够紧密；
③ 先导阀弹簧变形异常；
④ 阀门实际流量大于设定流量。

2. 点检过程和维护措施

（1）点检过程
压力监测：持续监测系统压力，记录波动范围和频率。
阀门检查：重点检查溢流阀，观察其调节螺杆是否松动，密封面是否磨损。
油液分析：取样分析系统油液，检查是否含有杂质或水分。
（2）维护措施
调整压力：根据系统要求，重新调整溢流阀的设定压力，并锁紧调节螺杆。
清洗阀体：拆下溢流阀，清洗阀体和阀芯，去除杂质和沉积物。
更换滤芯：更换系统油液滤芯，确保油液清洁度。
功能测试：重新安装后，进行系统压力测试，确认压力波动问题已解决。

任务 2.3　认识液（气）压执行元件

 职业鉴定能力

能分析液（气）压执行元件常见故障及排除方法。

 核心概念

液（气）压执行元件是将液（气）体的压力转换为机械能的装置。

 任务目标

1. 掌握液（气）压执行元件的分类、功用及符号。
2. 会分析液（气）压执行元件常见故障及排除方法。

素质目标

1. 提高自主学习能力。
2. 培养沟通、协调能力。
3. 培养精益求精的工匠精神和爱国情怀。

 **任务引入**

某钢厂点检时发现液压剪切机在剪切过程中，液压缸出现抖动现象。请完成下列任务：

请分析剪切机液压缸出现抖动现象的原因和点检过程与维护措施。

 **知识链接**

1. 知识准备

（1）液压执行元件

液压执行元件的功用：将液体的压力转换为机械能，从而实现所需的直线运动、摆动或回转运动等。

液压执行元件分为：液压缸和液压马达，液压缸的种类及符号见表 2-2-16。

表 2-2-16　液压缸的种类及符号

元件名称	符号	元件名称	符号
活塞式液压缸	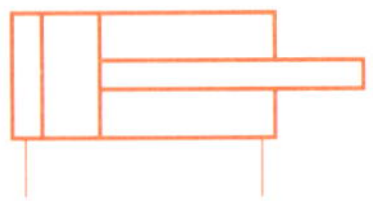	伸缩式液压缸	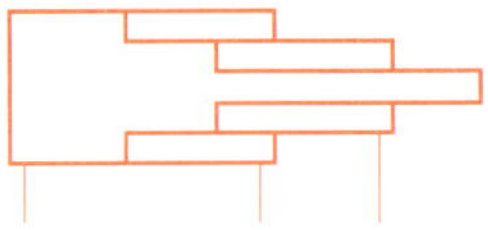
柱塞式液压缸			

（2）气动执行元件

气动执行元件功用：将压缩空气的压力能转化为机械能，从而实现所需的直线运动、摆动或回转运动等。

气压执行元件分为：气缸和气马达，见表 2-2-17。

表 2-2-17　气缸和气马达的种类及符号

元件名称		符号
气缸		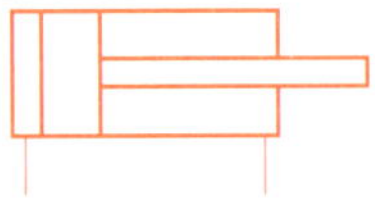
气马达	单向气动马达	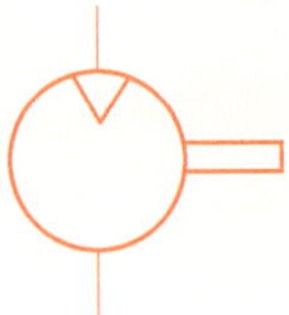
	双向气动马达	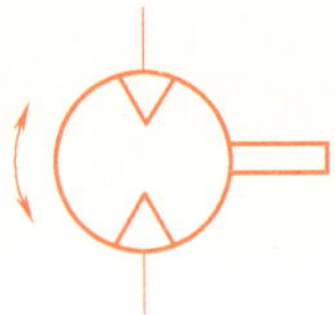

2. 技能准备

（1）液压执行元件的常见故障及排除方法（表 2-2-18）

表 2-2-18　液压执行元件常见故障及排除方法

执行元件名称	常见故障	排除方法
液压缸	爬行	检查液压油的清洁度和黏度是否符合要求；检查液压缸的滑动部件是否有磨损或拉伤，必要时进行修复或更换；调整液压缸的润滑条件，确保润滑良好

续表

执行元件名称	常见故障	排除方法
液压缸	推力不足或动作不稳定	检查液压系统的工作压力和流量是否满足要求；检查液压缸的密封性能和内部零件是否有磨损或损坏；调整液压缸的排气装置，确保气体完全排出
	异常声响与振动	检查液压缸的固定螺栓是否松动或断裂，确保固定可靠；检查液压缸的滑动部件是否有卡滞或磨损现象，必要时进行修复或更换；检查液压系统的管路和元件是否有松动或振动现象，及时排除故障
液压马达	转速低或输出转矩小	确保液压泵供油充足，油液黏度适当；如电机转速低或功率不匹配时，应更换合适的电机；防止空气进入液压马达，影响性能；定期清洗液压马达内部，更换磨损或堵塞的部件
	噪声过大	定期清洗滤油器，防止堵塞；确保联轴器与液压马达轴同心且紧固可靠；对于磨损或损坏的零件，应及时更换

（2）气压执行元件的常见故障及排除方法（表 2-2-19）

表 2-2-19　气压执行元件常见故障及排除方法

执行元件名称	常见故障	排除方法
气缸	内、外泄漏	重新调整活塞杆的中心，保证其与缸筒的同轴度；检查油雾器工作是否可靠，保证执行元件润滑良好；及时更换磨损或损坏的密封圈和密封环；清除气缸内的杂质；更换有伤痕的活塞杆
	输出力不足和动作不平稳	调整活塞杆的中心；检查油雾器的工作是否可靠；确保供气管路畅通无阻；清除气缸内的冷凝水和杂质；更换磨损的活塞或活塞杆
	缓冲效果不良	更换磨损的缓冲密封圈；检查并更换损坏的调节螺钉
气马达	提升重量不足	更换活塞环；增加进气压力；按规定安装供气管路
	启动困难	拆下气马达，重新清洗干净并装配；扳动离合器手柄将其挂上
	运转中有异常撞击声	更换活塞销和曲轴铜套和圆环；更换曲轴滚动轴承

 任务实施

1. 剪切机液压缸出现抖动现象的原因

可能是由液压缸内部摩擦增大、油液压力波动或控制系统故障等原因引起的。

2. 剪切机液压缸的点检过程与维护措施

（1）点检过程

检查液压缸的行程和动作是否平稳，观察有无异常现象；

检查液压缸的供油压力和回油压力，判断压力是否稳定；

检查液压缸的控制阀和传感器是否正常工作，确保控制信号准确。

（2）维护措施

对液压缸进行清洗和润滑，减少内部摩擦和阻力；

检查并调整液压系统的压力控制装置，确保压力稳定；

定期对液压缸的控制阀和传感器进行检查和校准，确保控制精度和可靠性。

任务 2.4　认识液（气）压辅助元件

职业鉴定能力

能分析液（气）压辅助元件常见故障及排除方法。

核心概念

液（气）压辅助元件是液（气）压系统的控制调节元件，其作用是控制液（气）压系统中液（气）体方向、压力和流量。

液（气）压辅助元件在液压系统中扮演着重要角色，它们虽然不直接参与能量的转换，也不直接控制方向、压力和流量等，但对于保证系统的可靠、稳定、持续工作起着重要作用。

任务目标

1.掌握液（气）压辅助元件的分类、功用及符号。

2.会分析液（气）压辅助元件常见故障及排除方法。

素质目标

1.提高自主学习能力。

2.培养沟通、协调能力。

3.培养精益求精的工匠精神和爱国情怀。

任务引入

某钢厂日常点检时发现高炉风口冷却系统冷却效果下降，如果不及时解决将导致风口温度异常升高，进而可能引发风口过热损坏的问题。请完成下列任务：

请分析故障原因、点检过程和维护措施。

 知识链接

1. 知识准备

（1）液压辅助元件

液压辅助元件包括：油箱、过滤器、冷却器、加热器、压力表、蓄能器、油管及管接头、密封件等。

液压辅助元件的功用及符号见表 2-2-20。

表 2-2-20　辅助元件的功用及符号

元件名称	符号	功用
油箱		用于储存系统所需的足够油液，并能在一定程度上散发油液中的热量，分离溶入油液中的空气，沉淀油液中的杂质
过滤器（滤油器）		用于过滤液压油中的杂质和污染物，防止它们进入液压系统中的液压元件，从而提高系统的工作效率和寿命
冷却器		用于降低液压油的温度，防止液压油过热，从而保持液压系统的工作稳定性和寿命
加热器		用于在低温环境中加热液压油，防止液压油过冷而影响液压系统的正常工作
压力表		用于观测液压系统各工作点的压力，确保系统压力在正常范围内
蓄能器	（囊式蓄能器）	储存、释放油液压力能，可用作辅助动力源或紧急动力源，同时能保压和补充泄漏，吸收压力冲击和消除压力脉动
油管及管接头		用于连接液压元件、输送液压油液
密封件		用来防止液体的泄漏

（2）气压辅助元件

气压辅助元件包括：过滤器、油雾分离器、压力表、油雾器、气罐、消声器等。气压辅助元件的功用及符号见表 2-2-21。

表 2-2-21   气压辅助元件的功用及符号

元件名称	符号	功用
过滤器		清除压缩空气中的水分、油污和固体颗粒杂质
油雾分离器		将气体中所含水分与油分分离出来，使工作空气干净无水。保证设备的稳定性，延长设备的使用寿命
压力表		测量气压传动系统的压力
油雾器		是一种特殊的润滑装置，它可将润滑油雾化后混合于压缩空气中，并随其进入需要润滑的部位。润滑均匀、稳定，耗油量少且不需要大的储油设备
气罐		用来储存空气压缩机排出的气体，可以减小输出压缩空气的压力脉动，增大其压力稳定性和连续性，进一步分离水分和油分等杂质，并在空气压缩机意外停机时，避免气动系统立即停机
消声器		消除和降低噪声

2. 技能准备

（1）液压辅助元件常见故障及排除方法（表 2-2-22）

表 2-2-22   液压辅助元件常见故障及排除方法

元件名称	常见故障	排除方法
过滤器	滤网堵塞	定期清洗或更换滤网，保持过滤器的畅通
蓄能器	无法有效储存和释放能量	检查蓄能器的充气压力是否符合要求，必要时进行充气或更换
油管及管接头	泄漏、振动和噪声	定期检查并紧固管接头，更换损坏的密封件。优化管道布置，减少不必要的转弯和交叉，使用合适的管夹固定管道

续表

元件名称	常见故障	排除方法
油箱	散热不良、油液污染	加大油箱的散热面积。定期检查油箱密封性，保持油箱内部清洁
冷却器与加热器	冷却不足或加热不够	定期检查冷却器和加热器的性能，必要时进行清洗或更换
密封件	泄漏	定期检查并更换老化的密封件。确保密封件安装正确，避免过紧或过松。清理密封面，确保无杂质和损伤

（2）气动辅助元件常见故障及排除方法（表2-2-23）

表2-2-23　气动辅助元件常见故障及排除方法

元件名称	常见故障	排除方法
过滤器	滤网堵塞、泄漏	定期清洗或更换滤网，保持滤网畅通。检查并更换老化的密封件，确保密封良好
油雾分离器	堵塞、分离效率下降	清洗油雾分离器内部，去除堵塞物。定期检查并更换老化的油雾分离器部件，确保分离效率
压力表	指针不归零或指示不准确、泄漏	校正或更换指针、弹簧管等部件，确保指示准确。检查并更换泄漏处的密封件，确保密封良好
油雾器	不滴油或滴油量不足、漏油	调整节流阀，清洗油道，确保油雾器正常滴油。检查并更换泄漏处的密封件，确保密封良好
气罐	气压不稳定、泄漏	检查并更换故障的压力表和安全阀，确保气压稳定。清理气罐内部积水，并检查更换泄漏处的密封件
消声器	消声效果下降、泄漏	清洗或更换堵塞、损坏的消声器部件，确保消声效果。检查并更换泄漏处的密封件，确保密封良好

✖ 任务实施

1. 高炉风口冷却系统冷却效果下降故障原因分析

冷却器堵塞：长期使用过程中，冷却器内部可能会积累水垢、杂质或沉积物，这些物质会阻碍冷却介质的流动，降低热交换效率，从而导致冷却效果下降。

冷却介质流量不足：冷却介质的供应压力不足、管道泄漏或阀门未完全开启等，都可能导致冷却介质流量减少，影响冷却效果。

冷却器设计或选型不当：如果冷却器的设计容量不足以应对高炉生产过程中的热负荷，或者选型时未充分考虑实际工况，也可能导致冷却效果不足。

外部环境影响：如环境温度过高、空气流通不畅等外部条件，也可能对冷却器的散热效果产生不利影响。

2. 点检过程与维护措施

（1）点检过程

温度监测：定期使用红外测温仪等工具监测风口及冷却器出口的温度，判断冷却效果是否达标。

流量检查：检查冷却介质的流量和压力，确保其在正常范围内。

外观检查：观察冷却器外部是否有泄漏、变形或腐蚀迹象。

内部检查：定期打开冷却器进行内部检查，查看是否有水垢、杂质等堵塞物。

（2）维护措施

清洗冷却器：发现冷却效果下降时，应及时对冷却器进行清洗，去除内部的水垢、杂质等，恢复其良好的散热性能。清洗可采用化学清洗或物理清洗（如高压水冲洗）等方法。

调整冷却介质流量：根据实际需要调整冷却介质的流量和压力，确保其在最佳工作状态下运行。

更换损坏部件：对于因腐蚀、磨损等损坏的部件，应及时进行更换，以保证冷却系统的完整性和可靠性。

优化外部环境：改善冷却器周围的通风条件，降低环境温度，提高散热效率。

定期维护与保养：制定并执行定期维护与保养计划，包括清洗、检查、调整等工作，确保冷却系统长期稳定运行。

任务3　认识液（气）压密封件

 职业鉴定能力

对密封件维护的能力。

 核心概念

密封件是防止流体（包括液体、气体或某些固体微粒）从相邻结合面间泄漏以及防止外界杂质如灰尘与水分等侵入机器设备内部的零部件。

任务目标

1. 掌握液（气）压密封件的功用、种类。
2. 会判断液（气）压密封件的简单故障及措施。

3.液（气）压密封件的维护。

 素质目标

1. 提高自主学习能力。
2. 培养沟通、协调能力。
3. 培养精益求精的工匠精神和爱国情怀。

📖 任务引入

液（气）压密封件的维护是确保液（气）压系统正常运行、延长设备寿命以及提高系统效率的重要环节。请完成下列任务：

对液（气）压密封件进行维护。

🎯 知识链接

1. 知识准备

（1）液（气）压密封件的功用

液（气）压密封件在液压与气动系统中具有防止泄漏、保持系统压力、防止污染、提高效率和保障安全等多重作用。因此，在选择和使用密封件时，必须充分考虑其性能特点、工作环境和应用要求，以确保系统的正常运行和安全性。

（2）液（气）压密封件的种类、特点及应用场合

① 液压密封件的主要种类、组成、特点及应用场合见表 2-2-24。

表 2-2-24　液压密封件的主要种类、组成、特点及应用场合

种类	材料、组成	特点	应用场合
橡胶密封件	常见的橡胶材料有 NBR（丁腈橡胶）、FPM（氟橡胶）等 常见类型：O 形密封圈、Y 形密封圈、V 形密封圈、U 形密封圈等	具有良好的弹性和耐磨损性	常用于液压系统中的动态密封，如活塞密封、活塞杆密封等
PTFE密封件	PTFE（聚四氟乙烯）	具有优异的耐腐蚀性和耐高温性能	特别适用于腐蚀性介质和高温环境；常用于静态密封，如阀体密封、管接头密封等
金属密封件	由金属材料制成	具有较高的耐压性和耐磨损性	常用于高压液压系统中
波纹管密封件	波纹管密封件由多层金属波纹管组成	具有较好的弹性和耐腐蚀性	常用于高温高压液压系统中，如飞机液压系统

② 气动密封件的主要种类、特点及应用场合见表 2-2-25。

表 2-2-25　气动密封件的主要种类、特点及应用场合

种类	特点	应用场合
O 形密封圈	结构小巧，装拆方便，静、动密封均可使用，动摩擦阻力小，价格低廉	广泛用于液压与气压传动系统中的各种密封，如管道、阀门、泵等设备的密封
Y 形、V 形密封圈	密封沟槽结构简单，密封可靠，使用压力范围广	适用于需要较高密封性能和压力稳定性的场合，如气缸、液压缸等
NLP 型压缩密封圈	占空间小，滑动阻力小，可不给油润滑，低压下阻力减小，耐久性好	常用于气缸活塞等部件的密封，尤其适用于对滑动阻力和耐久性有较高要求的场合
防尘圈气压密封圈	主要功能是防止灰尘杂物进入缸内，保持系统内部清洁	广泛用于气缸、油缸等设备的防尘密封，保护内部部件免受外界污染
夹布充气密封件	具有充气系统，可根据实际工况调节气压，实现动态密封效果	在工业、汽车、航空等领域有广泛应用，如车门、车窗、天窗、管道、阀门等部位的密封
金属密封件	耐压性高，耐磨损，适用于高温高压环境	主要用于静密封和高压密封场合，如高压气缸、液压缸等

2. 技能准备

① 液压密封件的常见故障、现象及其相应措施见表 2-2-26。

表 2-2-26　液压密封件的常见故障、现象及其相应措施

序号	常见故障	现象	措施
1	密封漏油	系统出现油液泄漏，影响设备正常运行	定期检查密封件的状态，发现破损或老化及时更换
2	密封本身的损坏	密封件磨损、挤出破裂、压缩永久变形等	改善工作环境、提高安装精度、选用高质量密封件
3	由密封不当产生的爬行现象	设备在运行时出现爬行或异常噪声	优化密封设计、控制间隙、增加导油孔

② 气动密封件的常见故障、现象及其相应措施，见表 2-2-27。

表 2-2-27　气动密封件的常见故障、现象及其相应措施

序号	常见故障	现象	措施
1	密封件不能换向	密封件无法正常换向，影响气动系统的正常运行	改善润滑、调整压缩量、清除污物、更换损坏部件、增大操作力
2	密封位置泄漏	系统出现泄漏，导致能源损失和环境污染，同时影响系统的性能和安全性	增加压缩量、更换密封件，修复或更换阀杆、阀座，更换铸件
3	密封内部产生振动	密封件内部产生异常振动，可能导致密封失效和元件损坏	提高压力、提高电压

任务实施

液（气）压密封件的维护如下。

1. 定期检查与更换

（1）检查周期

定期检查是预防密封故障的关键。对于液压系统，密封件的使用寿命一般为一年半左右，但具体更换周期应根据设备的使用条件和厂家的建议制定。气压系统的密封件也应根据实际情况设定合理的检查周期，一般建议每三个月进行一次细致检查。

（2）更换密封件

当发现密封件有损坏、老化或性能下降的迹象时，应及时更换新的密封件。选择与原密封件相同型号和规格的产品进行更换，确保密封效果。

2. 清洁与保养

（1）清洁密封面

使用温和的清洁剂和柔软的布清洁密封面，去除灰尘、污渍等污染物。避免使用酸性或腐蚀性物质，以免损坏材料。

对于液压系统，还需定期更换液压油，并清洗液压组件，以去除金属磨耗物、密封件磨耗物和碎片等污染物。

（2）润滑维护

如果密封件上存在可移动部件，应定期添加适量润滑油，使运动顺畅，减少磨损。对于气压系统，特别是存在滑动或旋转部件的密封结构，更需注重润滑维护。

3. 避免异常使用

（1）避免超负荷使用

避免在密封件上方堆放过重物品或施加过大的压力，以免影响密封效果。特别是气压系统，密封件有一定的承载能力，应严格遵守使用规定。

（2）防止碰撞

避免尖锐物体、硬物撞击密封件，以免损坏材料。在操作过程中，注意轻拿轻放，避免对密封件造成冲击。

任务 4　液压油污染的控制

职业鉴定能力

1. 对液压油污染控制的能力。

2.对液压油进行维护的能力。

核心概念

液压油污染指的是液压油中含有水分、空气、微小固体颗粒及胶状生成物等杂质。液压系统故障诊断困难，但液压系统的故障 75% 左右是油液污染造成的。

任务目标

1. 了解液压油检测方法。
2. 掌握油液污染的危害、原因及控制方法。
3. 液压油的维护。

素质目标

1. 提高自主学习能力。
2. 培养沟通、协调能力。
3. 培养精益求精的工匠精神和爱国情怀。

任务引入

在冷、热连轧机液压系统中采用了电液伺服阀、高频响应比例控制阀等高精度元件，由于通常工作在高温、高压、重载和高粉尘环境中，油液容易受到污染和产生化学质变，严重影响设备正常运行及寿命。请完成下列任务：

冷、热连轧机液压系统液压油的日常和定期维护。

知识链接

1. 知识准备

（1）液压油的作用

液压油在液压系统中起到多种关键作用，如：传递能量、润滑、密封、冷却、清洁、抗氧化和防腐蚀、抗磨损、抗泡沫等。

（2）液压油污染的危害

① 堵塞液压元件：污染物会堵塞液压元件进出油口或其间隙，引起动作失灵，影响工作性能或造成事故。

② 加速元件磨损：污染颗粒会刮伤缸筒内表面，加速密封件的损坏，使泄漏增大，引起推力不足、动作不稳定、爬行、速度下降、异常噪声等故障现象。

③ 加速油液性能劣化：污染颗粒长期存在会与油液发生反应，生成腐蚀元件的物质。

（3）液压油污染的原因

① 残留物的污染：液压元件以及管道、油箱在制造、储存、运输、安装、维修过程中，带入的砂粒、铁屑、磨料、焊渣、锈片、油垢、棉纱和灰尘等残留物，虽然经过清洗，但未完全清洗干净而残留下来。

② 侵入物的污染：周围环境中的污染物，如空气、尘埃、水滴等，通过外露的往复运动活塞杆、油箱的通气孔和注油孔等侵入系统。维修过程中不注意清洁，将环境周围的污染物带入系统也是常见原因。

③ 生成物的污染：液压传动系统在工作过程中，由压力损失导致油温升高，油液中的高压空气与油分子直接接触，引起油液氧化，生成有机酸、油泥、沉淀等。同时，液压元件工作时，运动件之间的磨损会产生金属微粒、密封材料磨损颗粒等。

④ 混入其他油品：不同品种、不同牌号的液压油其化学成分不同，当液压油中混入其他油品后，会改变其化学组成，从而改变其性质。

2. 技能准备

（1）液压油污染的检测方法

① 目视检测法：通过观察油中杂质初步判断其清洁度。

② 滴油试验法：在滤纸上滴油，观察油滴图样以判断污染程度。

③ 感觉检测法：通过观察颜色和闻气味，以及在炽热铁板上滴油观察反应来诊断污染情况。

（2）液压油污染的控制

① 定期更换液压油：根据使用情况和制造商建议定期更换。

② 安装过滤器：在液压系统中安装合适的过滤器，过滤固体颗粒和其他杂质。

③ 维护系统清洁：定期清除系统中的沉积物和杂质，保持系统清洁。

④ 预防性维护：定期检查密封件、管路和连接件，及时修复或更换受损部件。

⑤ 控制系统温度：使用冷却器或热交换器控制油温，防止油液氧化。

⑥ 避免外部污染：保持工作环境清洁，防止外部污染物进入系统。

⑦ 培训和操作规范：对操作人员进行培训，确保正确操作和维护。

⑧ 使用高质量液压油和密封件：选择符合规范的高质量液压油和密封件。

任务实施

1. 冷、热连轧机液压系统液压油的日常和定期维护（表2-2-28）

表2-2-28　冷、热连轧机液压系统液压油的日常和定期维护

序号	项目	内容
1	检查油位	定期检查油箱的油位，确保其在正常范围内
2	观察油品状态	观察液压油的颜色、气味和透明度，判断其是否变质或受到污染
3	保持系统清洁	定期清洁液压系统的外部表面和周围环境，去除灰尘和杂质
4	监测油温	确保其在规定的范围内
5	检查系统泄漏	定期检查液压系统各部位是否有泄漏现象

2. 冷、热连轧机液压系统液压油的定期维护（表2-2-29）

表2-2-29　冷、热连轧机液压系统液压油的定期维护

序号	项目	内容
1	定期更换液压油	根据设备的使用情况和制造商的建议，定期更换液压油。一般情况下，露天设备的液压油每年更换一次，而室内设备的换油周期可能更长
2	清洁或更换滤芯	定期清洁或更换液压系统中的滤芯
3	系统清洗和过滤	在更换液压油之前，应对整个液压系统进行彻底清洗和过滤
4	检查液压元件	定期检查液压元件的工作状态，包括泵、阀、缸等
5	系统密封性测试	在更换液压油或进行其他维护操作后，应对液压系统进行密封性测试
6	记录维护日志	建立液压系统的维护日志，记录每次维护的时间、内容、更换的部件和油液等信息

项目3 机械设备状态检测

任务1 设备故障诊断

任务 1.1 故障的典型模式和原因

 职业鉴定能力

1. 能正确了解设备故障模式。
2. 能够分析设备故障产生的原因。

 核心概念

设备的故障通常表现为一定的物质状况特征，这些特征反映出物理的、化学的异常现象，它们导致设备功能的丧失。我们把这些物质状况的异常特征称为故障模式。

 任务目标

1. 了解设备故障模式的类型及特点。
2. 能够分析设备故障产生的原因及类型。
3. 能够对任务目标进行分析，判断故障产生的原因和模式。

素质目标

1. 培养安全规范操作的职业素养。

2.提升自主探究和小组合作的能力。

3.逐步培养"质量第一，精益求精"的工匠精神和爱国情怀。

 任务引入

某钢厂转炉排风机在正常运行中时其电动机（110kW）突然跳闸。检查机械部分和电动机对地和相间绝缘都正常。检查断路器时发现主触头有两对烧坏，于是换上一个新的断路器（型号规格相同），但试机时，一启动，断路器就冒烟，又是断路器主触头烧坏。随后分析是电动机匝间短路。花了十多个小时，更换了新的电动机和断路器，但一试机，断路器还是冒烟烧坏。对此设备故障，如何解决？

 知识链接

1. 故障模式

设备的故障通常表现为一定的物质状况特征，这些特征反映出物理的、化学的异常现象，它们导致设备功能的丧失。我们把这些物质状况的异常特征称为故障模式。

故障模式是由某种故障机理引起的结果的现象，其与故障类型、故障状态有关。它是故障现象的一种表征。通过研究各种故障模式，分析故障产生的原因、机理，记录故障现象和故障经常出现的场合，从而有针对性地采用有效的监测方法，并提出行之有效的避免措施，这就是设备故障研究的主要任务。

在工程实践中，典型的故障模式大致有如下几种：异常振动、磨损、疲劳、裂纹、破裂、畸变、腐蚀、剥离、渗漏、堵塞、松弛、熔融、蒸发、绝缘劣化、异常声响、油质劣化、材质劣化、其他等。我们可以将上述这些故障，按以下几方面进行归纳。

① 机械零部件材料性能方面：疲劳、断裂、裂纹、蠕变、畸变、材质劣化等。

② 化学、物理状况异常方面：腐蚀、油质劣化、绝缘/绝热劣化、导电/导热劣化、熔融、蒸发等。

③ 设备运动状态方面：振动、渗漏、堵塞、异常噪声等。

④ 多种原因的综合表现：磨损等。

不同的行业、不同类型的企业、不同种类的设备，其主要故障模式和各种故障出现的频数，有着明显的差别。例如：对于机械制造行业来说，振动和磨损是必须引起足够重视的大事；而对于石油、化工设备，渗漏问题则相对较为敏感。通常，对于旋转机械而言，其主要故障模式是异常振动、磨损、异常声响、裂纹、疲劳等；而对于静止设备而言，其主要故障模式是腐蚀、裂纹、渗漏等，具体可参见表2-3-1。

表 2-3-1　设备常见的故障模式及其所占比例

故障模式	旋转设备	静止设备	故障模式	旋转设备	静止设备
异常振动	30.4%	—	油质劣化	3%	3.6%
磨损	19.8%	7.3%	材质劣化	2.5%	5.8%
异常声响	11.4%	—	松弛	3.3%	1.5%
腐蚀	2.5%	32.1%	异常温度	2.1%	2.2%
渗漏	2.5%	10.1%	堵塞	—	3.7%
裂纹	8.4%	18.3%	剥离	1.7%	2.9%
疲劳	7.6%	5.8%	其他	4%	4.4%
绝缘劣化	0.8%	2.2%	合计	100%	100%

2.故障原因

故障分析的核心问题是要搞清楚产生故障的原因。

故障原因是指引起故障模式的故障机理。所谓故障机理，是指诱发零件、部件、设备系统发生故障的物理、化学、电学和机械学的过程。归纳来说，产生故障的主要原因大体有以下几个方面：

①设计因素；

②材质因素；

③制造因素；

④装配调试因素；

⑤运转因素。

 **任务实施**

某钢厂的转炉排风机，更换了新的电动机和断路器，还是出现相同故障。电路中其他元件很少，且基本无故障可能。在排除了其他故障的可能性后，考虑到电机功率大，电路正常工作中电流较大，旧断路器正常工作了很久，应该为老化损坏。新断路器烧毁得很快，有可能是新买来的一批断路器存在质量问题。采用替换法，从旁边的柜子中拆一个旧的同型号规格的断路器装上，试机一切正常，故障被排除。

任务 1.2　故障分析方法

 职业鉴定能力

1.能对故障产生进行高效的分析。

2.能够正确选择故障分析方法。

核心概念

优秀的故障诊断体系离不开诊断者的分析问题能力和逻辑推理能力。设备管理人员应该学会如何积累、总结经验，通过以往的经验来分析判断设备故障。本节内容主要介绍几种简单常用的故障诊断逻辑和推理思维方法。

任务目标

1. 了解常用的故障分析方法特点。
2. 能够正确选择不同的故障分析方法进行故障分析。
3. 对任务目标能够正确选择故障分析方法。

素质目标

1. 培养安全规范操作的职业素养。
2. 提升自主探究和小组合作的能力。
3. 逐步培养"质量第一，精益求精"的工匠精神和爱国情怀。

任务引入

某钢厂的机加车间，CQ6230 轻型车床，运行中出现电机过热，主轴转动无力，伴随较大的振动和噪声，请对此现象进行故障分析。

知识链接

优秀的故障诊断体系离不开诊断者的分析问题能力和逻辑推理能力。设备管理人员应该学会如何积累、总结经验，通过以往的经验来分析判断设备故障。下面介绍几种简单常用的故障诊断逻辑和推理思维方法。

1. 主次图分析

主次图分析又称为帕累托分析，是一种利用经验进行判断分析问题的方法。不同企业其设备故障的原因是不尽相同的，而且各种故障原因出现的频次也不尽相同。为了在设备故障管理中分清主次，缩聚分析范围，提高分析效率，为此可将设备平时故障频次或者停机时间记录下来，然后进行统计归纳，并绘制出设备故障的主次图。

2. 鱼骨分析

鱼骨分析又称为鱼刺图，就是把故障原因按照发生的因果层次关系用线条连接起来，以便剔除决定特征故障的各次要因素，逐步找到主要因素。其中：构成故障的主要原因称为脊骨，而构成这个主要原因的原因称为大骨，依次还有中骨、小骨、细骨。图 2-3-1 显示了一个典型的鱼骨图。

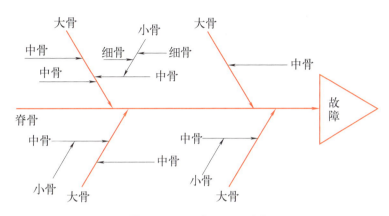

图 2-3-1　鱼骨图示例

设备诊断与维修工作者将平时维修诊断的经验，以鱼骨的形式记录下来。每过一段时间，就根据实际情况对先前所做鱼骨图进行整理，凡是经常出现的故障原因，就移到鱼头位置，较少发生的原因就向鱼尾靠近。若今后设备出现故障，首先按照鱼骨图从鱼头处逐渐向鱼尾处检查验证，检查出大骨，再依次寻找中骨、小骨、细骨，直到找到故障的根源，可以排除为止。

3. PM 分析

PM 分析是透过现象分析事故物理本质的方法，是把重复性故障的相关原因无遗漏地考虑进去的一种全面分析方法。

4. 假设检验方法

假设检验方法是将问题分解成若干阶段，在不同阶段都提出问题，做出假设，然后进行验证，从而得到这个阶段的结论，直到最终找出可以解决此问题的答案为止。

在上面的逻辑验证过程中，每一个阶段都是一次 PM 分析过程，下一阶段的问题往往是上一阶段的结论。例如"问题 B"，一般为"为什么会出现结论 A？"，然后再去假设和验证，如此反复，直至最后找到故障真正的原因，提出处理意见。

5. 劣化趋势图分析

设备的劣化趋势图是做好设备倾向管理的工具。劣化趋势图是按照一定的周期，对设备的性能进行测量，在劣化趋势图上标记测量点的高度（任何性能量纲都可以换算成长度单位），一个一个周期地描出所有的点，并把这些点用光滑的曲线连接起来，就可以大体分析出下一个周期的设备性能劣化走向。如果存在一个最低性能指标，则可以看出下一周期的设备是否会出现功能故障。图 2-3-2 显示了一个典型的劣化趋势图。

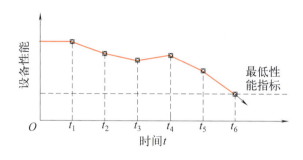

图 2-3-2　劣化趋势图示例

趋势分析属于预测技术，设备劣化趋势分析属于设备趋势管理的内容，其目标是：从过去和现在的已知情况出发，利用一定的技术方法，分析设备的正常、异常和故障状态，推测故障的发展过程，以做出维修决策和过程控制。

6. 故障树分析

所谓故障树分析其实是一种由果到因的演绎推理法，这种方法把系统可能发生的某种故障与导致故障发生的各种原因之间的逻辑关系，用一种称为故障树的树形图表示，通过对故障树的定性与定量分析，找出故障发生的主要原因，为确定安全对策提供可靠依据，以达到预测与预防故障发生的目的。

故障树与鱼骨图的最主要的区别是事件之间要区分其逻辑关系，最常用的是"与"和"或"关系。"与"用半圆标记表示，即下层事件同时发生，才导致上层事件发生；"或"用月牙形标记表示，即下层事件之一发生，就会导致上层事件发生。除此之外，逻辑门还包括非门等基本门、修正门、特殊门等，在此不再累述。下面列举一个简单的故障树，以便大家能有一个直观、形象的认识，具体如图 2-3-3 所示。

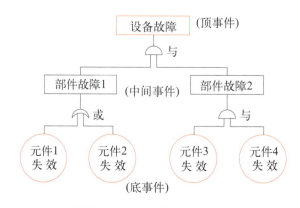

图 2-3-3　简单故障树示例

任务实施

　　某钢厂的机加车间，CQ6230 轻型车床，运行中初步检查三相电源电压正常，按照先机损后电路原则，拆下主轴电机传动带，手动转动电机，发现在转到某一特殊角度时有明显擦刮现象。打开电机，发现电机一端轴承严重损坏，导致转子偏心和定子铁芯相擦。更换轴承，并对定子铁芯修刮后重新浸漆，故障被排除。

任务 2　常用检测工具选用

任务 2.1　精密振动诊断常用仪器设备选用

职业鉴定能力

　　1. 能了解不同精密振动诊断仪器设备的类型和工作原理。
　　2. 能够正确选择不同精密诊断仪器设备。

核心概念

　　精密振动诊断仪器设备的类型及应用。

任务目标

　　1. 了解精密振动诊断仪器设备的类型。
　　2. 熟悉不同精密振动诊断仪器设备的工作原理。
　　3. 对于不同设备、不同工况可以正确选择不同的精密振动诊断仪器设备。

素质目标

　　1. 培养安全规范操作的职业素养。
　　2. 提升自主探究和小组合作的能力。
　　3. 逐步培养"质量第一，精益求精"的工匠精神和爱国情怀。

任务引入

精密振动诊断常用仪器设备的类型有哪些？各自的特点及适用范围是什么？

知识链接

振动信号分析仪；离线监测与巡检系统；在线监测与保护系统；网络化在线巡检系统；高速在线监测与诊断系统。

任务实施

1. 振动信号分析仪

信号分析仪种类很多，一般由信号放大、滤波、A/D 转换、显示、存储、分析等部分组成，有的还配有 USB 接口，可以与计算机进行通信。能够完成信号的幅值域、时域、频域等多种分析和处理，功能很强，分析速度快、精度高，操作方便。这种仪器的体积偏大，对工作环境要求较高，价格也比较昂贵，适合于工矿企业的设备诊断中心以及大专院校、研究院所配备。

2. 离线监测与巡检系统

离线监测与巡检系统一般由传感器、采集器、监测诊断软件和微机组成，有时也称为设备预测维修系统。主要操作步骤为：利用监测诊断软件建立测试数据库、将测试信息传输给数据采集器、用数据采集器完成现场巡回测试、将数据回放到计算机软件（数据库）中、分析诊断等。

3. 在线监测与保护系统

在冶金、石化、电力等行业对大型机组和关键设备多采用在线监测系统，进行连续监测。常用的在线监测与保护系统包括：在主要测点上固定安装的振动传感器、前置放大器、振动监测与显示仪表、继电器保护等部分。这类系统连续、并行地监测各个通道的振动幅值，并与门限值进行比较。振动值超过报警值时自动报警，超过危险值时实施继电保护，关停机组。这类系统主要对机组起保护作用，一般没有分析功能。

4. 网络化在线巡检系统

网络化在线巡检系统由固定安装的振动传感器、现场数据采集模块、监测诊断软件和计算机网络等组成，也可直接连接在监测保护系统之后。其功能和离线监测与巡检系统很相似，只不过数据采集由现场安装的传感器和采集模块自动完成，无须人工干预。数据的采集和分析采用巡回扫描的方式，其成本低于并行方式。这类系统具有较强的分析和诊断功能，适合于大型机组和关键设备的在线监测和诊断。

5. 高速在线监测与诊断系统

对于冶金、石化、电力等行业的关键设备的重要部件，可采用高速在线监测与诊断系统，对各个通道的振动信号连续、并行地进行监测、分析和诊断。这样对设备状态的了解和掌握是连续的、可靠的，当然其规模和投资相对比较大。

任务 2.2　温度测量常用仪器设备选用

 职业鉴定能力

1. 能了解不同温度测量仪器设备的类型和工作原理。
2. 能够正确选择不同温度测量仪器设备。

 **核心概念**

温度测量常用仪器设备的类型及应用。

任务目标

1. 了解温度测量仪器设备的类型。
2. 熟悉不同温度测量仪器设备的工作原理。
3. 对于不同设备、不同工况可以正确选择不同的温度测量仪器设备。

 素质目标

1. 培养安全规范操作的职业素养。
2. 提升自主探究和小组合作的能力。
3. 逐步培养"质量第一，精益求精"的工匠精神和爱国情怀。

 **任务引入**

温度测量常用仪器设备的类型有哪些？各自的特点及适用范围是什么？

知识链接

接触式温度测量；非接触式温度测量；非接触式测温仪器。

任务实施

1. 接触式温度测量

用于设备诊断的接触式温度监测仪器有下列几种：

① 热膨胀式温度计。

② 电阻式温度计。

③ 热电偶温度计。

2. 非接触式温度测量

（1）非接触式测温的应用场合

近年来非接触式测温获得迅速发展。除了敏感元件技术的发展外，还由于它不会破坏被测物的温度场，适用范围也大大拓宽。许多接触式测温无法测量的场合和物体，采用非接触式测温，可得到很好的解决。

（2）非接触式测温的基本原理

① 红外辐射。理论分析和实验研究表明，红外线的最大特点是普遍存在于自然界中。也就是说，任何"热"的物体虽然不发光但都能辐射红外线。因此红外线又称为热辐射线，简称热辐射。

② 黑体辐射基本定律。如前所述，红外辐射与可见光是同一性质的，具有可见光的一般特性。但红外辐射也还有其特有的规律，这些定律揭示了红外辐射的本质特性，也奠定了红外应用的基础。斯洛文尼亚物理学家约瑟夫·斯特藩和奥地利物理学家路德维希·玻尔兹曼分别于 1879 年和 1884 年各自独立提出，一个黑体表面单位面积在单位时间内辐射出的总能量与黑体本身的热力学温度的四次方成正比。鉴于黑体是人为定义的理想物体，在自然界中并不存在，故此在实际应用中，对于非黑体（亦即实际物体而言），只需乘一个系数。

斯特藩-玻尔兹曼定律告诉我们，物体的温度越高，辐射强度就越大。只要知道了物体的温度及其比辐射率 ε，就可算出它所发射的辐射功率；反之，如果测出了物体所发射的辐射强度，就可以算出它的温度，这就是红外测温技术的依据。

（3）非接触式测温仪器

一般来说，测量红外辐射的仪器分为两大类：分光计和辐射计。分光计是用来测量被测目标发出的红外辐射中每单一波长的辐射能量。而辐射计则与之不同，它是测量被测目标在预先确定的波长范围内所发出的全部辐射能量。因此，分光计多用于分析化合物的分子结构，故不属于我们的应用范畴。下面所介绍的均系辐射计的范围。

由于在 2000K 以下的辐射的大部分能量不是可见光而是红外线，因此红外测温得到了迅猛的发展和应用。红外测温的手段不仅有红外点温仪、红外线温仪，还有红外电视和红外热成像系统等设备，除可以显示物体某点的温度外，还可实时显示出物体的二维温度场，温度测量的空间分辨率和温度分辨率都达到了相当高的水平，相关示例如图 2-3-4 所示。

(a) 红外点温仪　　　(b) 红外热成像仪　　　(c) 红外热电视　　　(d) 红外热像图

图 2-3-4　非接触式测温仪器与红外热像图例

① 红外点温仪。点温仪是红外测温仪中最简单、最轻便、最直观、最快速、最价廉的一种，它主要应用于测量目标表面某一点的温度。但在使用红外测温仪时，要特别注意测温仪的距离系数问题。

② 红外热成像仪。在不少实际应用场合，不仅需要测得目标某一点的温度值，而且还需要了解和掌握被测目标表面温度的分布情况。红外热成像系统就是用来实现这一要求的。它是将被测目标发出的红外辐射转换成人眼可见的二维温度图像或照片。

实际上，热成像与照相机成像原理是极相似的。红外热成像仪是接收来自被测目标本身发射出的红外辐射，以及目标受其他红外辐射照射后而反射的红外辐射，并把这种辐射量的分布以相应的亮度或色彩来表示，成为人眼观察的图像。

③ 红外热电视。红外热成像仪虽然具有优良的性能，但它装置精密，价格比较昂贵，通常在一些必需的、测量精度要求较高的重要场合使用。对于大多数工业应用，并不需要太高的温度分辨率，可不选用红外热成像仪，而采用红外热电视。红外热电视虽然只具有中等水平的分辨率，可是它能在常温下工作，省去了制冷系统，设备结构更简单些，操作更方便些，价格比较低廉。对测温精度要求不太高的工程应用领域，使用红外热电视是适宜的。

任务 2.3　噪声测量常用仪器设备选用

 职业鉴定能力

1. 能了解不同噪声测量仪器设备的类型和工作原理。
2. 能够正确选择不同噪声测量仪器设备。

 核心概念

噪声测量常用仪器设备的类型及应用。

 任务目标

1. 了解噪声测量仪器设备的类型。
2. 熟悉不同噪声测量仪器设备的工作原理。
3. 对于不同设备、不同工况可以正确选择不同的噪声测量仪器设备。

 素质目标

1. 培养安全规范操作的职业素养。
2. 提升自主探究和小组合作的能力。
3. 逐步培养"质量第一，精益求精"的工匠精神和爱国情怀。

 任务引入

噪声测量常用仪器设备的类型有哪些？各自的特点及适用范围是什么？

 知识链接

噪声测量用的传声器；声级计；声强测量；声功率的测量。

任务实施

1. 噪声测量用的传声器

传声器是将声波信号转换为相应电信号的传感器，可直接测量声压。其原理是用变换器把由声压引起的振动膜振动变成电参数的变化。传声器主要包括两部分，一是将声能转换成机械能的声接收器。二是将机械能转换成电能的机电转换器。传声器依靠这两部分，可以把声压的输入信号转换成电能输出。

2. 声级计

声级计是用一定频率和时间计权来测量声压级的仪器，是现场噪声测量中最基

本的噪声测量仪器。声级计由传声器、衰减（放大）器、计权网络、均方根值检波器、指示表头等组成。它的工作原理是：被测的声压信号通过传声器转换成电压信号，然后经衰减器、放大器以及相应的计权网络、滤波器，或者输入记录仪器，或者经过均方根值检波器直接推动以分贝标定的指示表头，从表头或数显装置上可直接读出声压级的分贝数。

3. 声强测量

声强测量具有许多优点，用它可判断噪声源的位置，求出噪声发射功率，可以不需要在声室、混响室等特殊声学环境中进行。

声强测量仪由声强探头、分析处理仪器及显示仪器等部分组成。声强探头由两个传声器组成，具有明显的指向特性。声强测量仪可以在现场条件下进行声学测量和寻找声源，具有较高的使用价值。

4. 声功率的测量

在一定的条件下，机器辐射的声功率是一个恒定的量，它能够客观地表征机器噪声源的特性。但声功率不是直接测出的，而是在特定的条件下由所测得的声强或声压级计算出来的。

任务 3　旋转设备工作原理及振动检测

任务 3.1　转子的振动故障

 职业鉴定能力

1. 能正确了解转子组件的组成及特点。
2. 能够正确处理转子的振动故障。

核心概念

转子组件的组成及特点。

任务目标

1. 会分析典型设备转子组件的组成及特点。
2. 能够正确处理转子的振动故障。

3. 能够对任务目标提出适合的转子振动故障解决办法。

 素质目标

1. 培养安全规范操作的职业素养。
2. 提升自主探究和小组合作的能力。
3. 逐步培养"质量第一，精益求精"的工匠精神和爱国情怀。

 任务引入

某厂有一台电动机，其额定转速为 3000r/min，运行中发现振动异常，如何解决该类故障？

 知识链接

转子组件是旋转机械的核心部分，由转轴及固定装上的各类盘状零件（如叶轮、齿轮、联轴器、轴承等）组成。

从动力学角度分析，转子系统分为刚性转子和柔性转子。转动频率低于转子一阶横向固有频率的转子为刚性转子，如电动机、中小型离心式风机等。转动频率高于转子一阶横向固有频率的转子为柔性转子，如燃气轮机转子。

由于受材料的质量分布、加工误差、装配因素以及运行中的冲蚀和沉积等因素的影响，旋转机械的转子的质量中心与旋转中心存在一定的偏心距。

1. 不平衡故障的信号特征

① 时域波形为近似的等幅正弦波。

② 轴心轨迹为比较稳定的圆或椭圆，这是由轴承座及基础的水平刚度与垂直刚度不同造成的。

③ 在三维全息图中，转频的振幅椭圆较大，其他成分较小。

2. 敏感参数特征

① 振幅随转速变化明显，这是因为激振力与转动角速度是指数关系。

② 当转子上的部件破损时，振幅突然变大，如某烧结厂抽风机转子焊接的合金耐磨层突然脱落，造成振幅突然增大。

 **任务实施**

测取该电动机轴承部位的振动信号做频谱分析，其谱图如图 2-3-5 所示。以电动

机转频 50Hz 最为突出，判断电动机转子存在不平衡。在做动平衡测试时，转子不平衡量达 5000g·cm，远超过标准允许值 150g·cm。经动平衡处理后，振动状态达到正常。

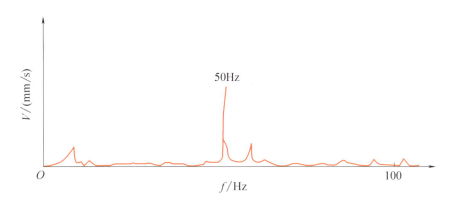

图 2-3-5　被测电动机轴承部位振动信号频谱分析图

任务 3.2　转子与联轴器不对中检测

 职业鉴定能力

1. 能正确分析引起轴系不对中的原因。
2. 能够判断轴系不对中的特征。

 核心概念

　　转子不对中包括轴承不对中和轴系不对中。轴承不对中本身不引起振动，它影响轴承的载荷分布、油膜形态等运行状况。一般情况下，转子不对中都是指轴系不对中，故障原因在联轴器处。

任务目标

1. 能够正确判断出转子不对中的原因和特征。
2. 能够对转子不对中故障进行排除和制定解决方案。
3. 对任务目标实例进行转子不对中检测故障分析。

素质目标

1. 培养安全规范操作的职业素养。
2. 提升自主探究和小组合作的能力。
3. 逐步培养"质量第一，精益求精"的工匠精神和爱国情怀。

任务引入

某厂一台透平压缩机组整体布置如图 2-3-6 所示。机组年度检修时，除正常检查、调整工作外，还更换了连接压缩机高压缸和低压缸之间的联轴器的连接螺栓，对轴系的转子对中情况进行了调整等。

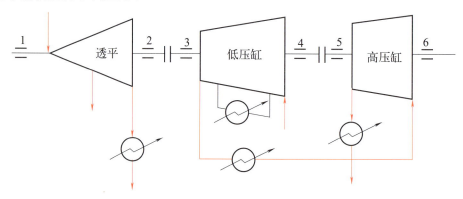

图 2-3-6　透平压缩机组整体布置

修后启动机组时，透平和压缩机低压缸运行正常，而压缩机高压缸振动较大（在允许范围内）；机组运行一周后压缩机高压缸振动突然加剧，测点 4、5 的径向振动增大，其中测点 5 振动值增大为原来的 3 倍，测点 6 的轴向振动加大，透平和压缩机低压缸的振动无明显变化；机组运行两周后，高压缸测点 5 的振动值又突然翻倍，超过设计允许值，振动剧烈，危及生产，如图 2-3-7 所示。

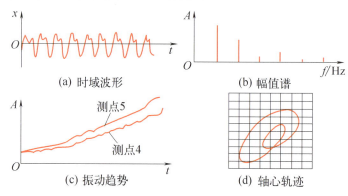

图 2-3-7　异常振动特征

压缩机高压缸主要振动特征如下：

① 连接压缩机高、低压缸之间的联轴器两端振动较大；

② 测点 5 的振动波形畸变为基频与倍频的叠加波，频谱中 2 倍频谐波具有较大峰值；

③ 轴心轨迹为双椭圆复合轨迹；

④ 轴向振动较大。

请进行故障诊断与处理。

 知识链接

1. 引起轴系不对中的原因

转子不对中包括轴承不对中和轴系不对中。轴承不对中本身不引起振动，它影响轴承的载荷分布、油膜形态等运行状况。一般情况下，转子不对中都是指轴系不对中，故障原因在联轴器处。

① 安装施工中对中超差。

② 冷态对中时没有正确估计各个转子中心线的热态升高量，工作时主动转子与从动转子之间产生动态对中不良。

③ 轴承座热膨胀不均匀。

④ 机壳变形或移位。

⑤ 地基不均匀下沉。

⑥ 转子弯曲，同时产生不平衡和不对中故障。

2. 轴系不对中故障特征

两半联轴器存在不对中，因而产生了附加的弯曲力。随着转动，这个附加弯曲力的方向和作用点也被强迫发生改变，从而激发出转频的 2 倍、4 倍等偶数倍频的振动。其主要激振量以 2 倍频为主，某些情况下 4 倍频的激振量也占有较高的分量。更高倍频的成分因所占比重很小，通常显示不出来。

① 时域波形在基频正弦波上附加了 2 倍频的谐波。

② 轴心轨迹图呈香蕉形或 8 字形。

③ 频谱特征主要表现为径向 2 倍频、4 倍频振动成分，有角度不对中时，还伴随着以回转频率的轴向振动。

④ 在全息图中 2 倍频、4 倍频轴心轨迹的椭圆曲线较扁，并且两者的长轴近似垂直。

3. 故障甄别

① 不对中的谱特征和裂纹的谱特征类似，均以两倍频为主，两者的区分主要是振动幅值的稳定性，不对中振动比较稳定。用全息谱技术则容易区分，不对中为单

向约束力，2倍频椭圆较扁。轴横向裂纹则是旋转矢量，2倍频全息谱比较圆。

② 轮对中故障可能引发轴承转动频率或啮合频率的振动，这些高频成分的出现可能掩盖真正的振源。如高频振动在轴向上占优势，而联轴器相连的部位轴向转频的振动幅值亦相应较大，则齿轮振动可能只是不对中故障所产生的大的轴向力的响应。

③ 轴向转频的振动原因有可能是角度不对中，也有可能是两端轴承不对中。一般情况下，角度不对中，轴向转频的振动幅值比径向大，而两端轴承不对中正好相反，因为后者是由不平衡引起的，它只是对不平衡力的一种响应。

 任务实施

诊断意见：压缩机高压缸与低压缸之间转子对中不良，联轴器发生故障，必须紧急停机检修。

检修人员做好准备工作后，操作人员按正常停机处理。根据诊断结论，重点对机组联轴器局部解体检查发现，连接压缩机高压缸与低压缸之间的联轴器（半刚性联轴器）固定法兰与内齿套的连接螺栓已断掉3只。

复查转子对中情况，发现对中严重超差，不对中量为设计要求的17倍。

同时发现连接螺栓的机械加工和热处理工艺不符合要求，螺纹根部应力集中，且热处理后未进行正火处理，金相组织为淬火马氏体，螺栓在拉应力作用下脆性断裂。

处理措施：重新对中找正高压缸转子，并更换符合技术要求的连接螺栓。

生产验证：重新启动后，机组运行正常，避免了一次恶性事故。

任务 4　往复设备工作原理及振动检测

任务 4.1　往复机械故障诊断方法认知

 **职业鉴定能力**

1. 能正确分析出往复机械故障的类型。
2. 能够熟练掌握往复机械故障的诊断方法。

 **核心概念**

往复机械故障类型、特点及诊断方法。

任务目标

1. 会分析典型往复机械设备的故障类型。
2. 能够了解典型往复机械设备的故障特点。
3. 能够了解典型往复机械设备故障的诊断方法。

 素质目标

1. 培养安全规范操作的职业素养。
2. 提升自主探究和小组合作的能力。
3. 逐步培养"质量第一，精益求精"的工匠精神和爱国情怀。

📖 任务引入

往复机械种类很多，有往复式压缩机、内燃机（柴油机及汽油机）、往复泵等，其应用范围十分广泛。因此，如何对往复机械进行状态监测与故障诊断具有十分重要的意义。请列举往复机械振动诊断的方法。

⊕ 知识链接

1. 概述

往复机械的故障主要有两种：一种是结构性的故障，另一种是性能方面的故障。其中，结构性的故障是指零件的磨损、裂纹、装配不当、动静部件间的碰磨、油路堵塞等；性能方面的故障主要表现在机器性能指标达不到要求，如功率不足、油耗量大、转速波动较大等。显然，结构性故障会反映在机器的性能中，通过性能的评定，也可反映结构性故障的存在和其严重程度。

往复机械的故障诊断方法主要有性能分析法、油样光谱分析法和振动诊断法。性能分析法通过对汽缸的压力检测，柴油机的温度信号、启动性能、动力性能、增压系统以及进排气系统的检测来了解汽缸、气阀、活塞等的工作状况，通过性能变化判别其故障的存在。油样光谱分析法是指用原子吸收或原子发射光谱分析润滑油重金属的成分和含量，判断磨损的零件和磨损的严重程度的方法。振动诊断法在往复机械中的应用不如旋转机械那样广泛和有效，其原因是往复机械转速低，要求传感器有良好的低频特性，因而在传感器选用方面有一定的限制。

2. 往复机械振动诊断的特点

与旋转机械相比，往复机械的振动诊断具有以下特点：

① 运动比较复杂，振动既有旋转运动引起的振动，又有往复运动产生的振动，还有燃烧时冲击产生的振动。众多的频率、范围宽广的激励比较难以识别。

② 振动随负荷变化，在转速一定时，其负荷又随外界情况变化。

③ 同时发生多种振动，相互干扰大。

④ 缸数多，互相耦合，相互干扰，邻缸对本缸以及本缸中各运动部件之间的相互干扰不易区分。

⑤ 敏感测点的选择及判断依据的确定比较困难。

 任务实施

往复机械振动诊断的方法。振动诊断法主要包含传递函数法、能量谱法和时域特征量法等，具体如下。

① 传递函数法。利用发动机缸盖系统的动态特性诊断汽缸内的故障。

② 能量谱法。当发动机某部件发生故障时，其能量谱会发生变化。将实测的能量谱值与正常工作状态下的参考谱值进行比较，即可判别汽缸活塞组的工作状态。

③ 时域特征量法。利用时域信号中的特征量来判断柴油机故障也是十分有效的方法。

除了以上几种方法外，其他有如评定缸体表面振动加速度总振级的方法。综合运用上述各种方法，可以有效地确定汽缸和活塞组的各种故障。

任务 4.2 往复式压缩机故障诊断技术应用

 职业鉴定能力

1. 能熟练掌握往复式压缩机的结构特点。
2. 能熟练掌握往复式压缩机故障测点位置的选取。
3. 能熟练分析往复式压缩机各测点数据的特征和故障诊断技术。

核心概念

往复式压缩机的组成及工作特点。

任务目标

1. 正确了解往复式压缩机的结构特点和工作原理。

2. 熟练掌握往复式压缩机振动测点位置的选取。

3. 对于往复式压缩机振动测点的数据进行分析。

 素质目标

1. 培养安全规范操作的职业素养。

2. 提升自主探究和小组合作的能力。

3. 逐步培养"质量第一，精益求精"的工匠精神和爱国情怀。

📖 任务引入

某厂有一 L 形往复空压机，现需进行检测点位置的设置并分析寻求合适的振动解决办法。

🌐 知识链接

往复式压缩机是指通过气缸内活塞或隔膜的往复运动使缸体容积周期变化从而实现气体的增压和输送的一种压缩机，属于容积型压缩机。根据做往复运动的构件分为活塞压缩机和隔膜压缩机。

（1）活塞压缩机的特点

活塞压缩机（图 2-3-8）的设计原理就决定了它的很多特点。比如运动部件多，有进气阀、排气阀、活塞、活塞环、连杆、曲轴、轴瓦等；比如受力不均衡，没有办法控制往复惯性力；比如需要多级压缩，结构复杂；再比如由于是往复运动，压缩空气不是连续排出、有脉动等。

（2）优点

① 热效率高，单位耗电量少。

② 加工方便，对材料要求低，造价低廉。

③ 装置系统较简单。

④ 设计、生产早，制造技术成熟。

⑤ 应用范围广。

（3）缺点

① 运动部件多，结构复杂，检修工作量大，维修费用高。

图 2-3-8　活塞压缩机

②转速受限制。

③活塞环的磨损、气缸的磨损、皮带的传动方式使效率下降很快。

④噪声大。

⑤控制系统的落后，不适应联锁控制和无人值守的需要，所以尽管活塞机的价格很低，但是也往往不能够被用户接受。

往复式压缩机都有气缸、活塞和气阀。压缩气体的工作过程可分成膨胀、吸入、压缩和排气四个过程。

其压缩机剖面结构视图如图 2-3-9 所示。

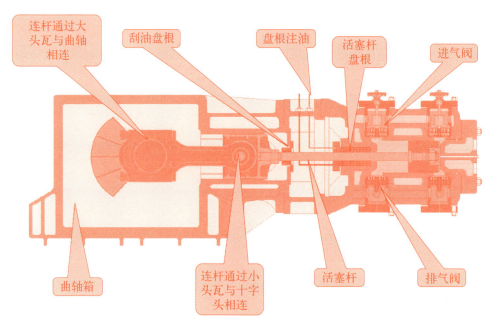

连杆通过大头瓦与曲轴相连　刮油盘根　盘根注油　活塞杆盘根　进气阀

曲轴箱　连杆通过小头瓦与十字头相连　活塞杆　排气阀

图 2-3-9　压缩机剖面结构视图

任务实施

根据测点的选择要求，往复式空压机的测点布置如图 2-3-10 所示，每一次振动测量对测点的取舍，需根据监测项目来确定，如果只了解某一部位的运行情况，需测量其中某一点或几点。比如要了解低压缸的磨损情况，只需测量图 2-3-10 中 1H、1V、1A 点；要了解整机的运行情况，可以测量测点 3V；要全面了解各个部位的情况，那么每个测点都要测量。

（1）选取测量参数

往复式空压机的各个运动部位，如连杆轴瓦、十字头、活塞、气缸，都具有不同程度的冲击性，因此选用振动加速度参数最能反映机器的运行状态。

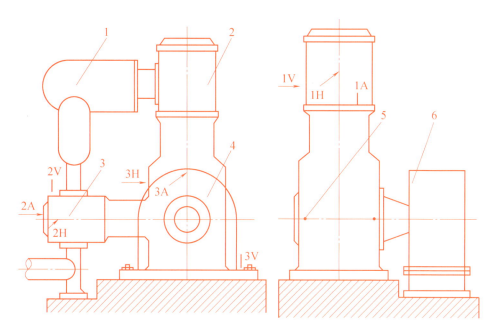

图 2-3-10　L 形空压机检测点的位置

1—中间冷却器；2—Ⅰ级压缩缸；3—Ⅱ级压缩缸；4—曲轴箱；5—轴承位置；6—同步电动机

从测量结果可以看出，在相同频率范围内，同一测点的加速度值、速度值、位移值差别很大，在速度值相差不大的情况下，加速度及位移值可相差 10 多倍。一般情况下，根据 ISO 2373 及 ISO 10816 标准，均采用速度值作为振动烈度的判定值。

（2）确定分析频段

往复式空压机中具有冲击性的部位，大多属于高频振动，采用 1 ～ 5kHz 的分析频段比较恰当。对于空压机地脚、电动机的振动测量选用 1kHz 以下的频段较适用。

（3）实时状态判断

目前，虽然有部分标准可以参考，但在现场往复式空压机振动诊断实施中，主要采用相对判断和类比判断。

① 相对判断：通过对空压机良好运行状态下的各部位振动值的测量积累，建立振动判断的基准数据和基准频谱，再将实际测量频谱及数据与之比较，识别空压机状态的变化。

② 类比判断：对相同型号规格的多台设备，测量相同部位振动数据及频谱，并进行对比，识别空压机振动状态。

（4）振动诊断标准的建立

某公司 40m³ 空压机共 12 台，用于提供浓相系统工作用压缩空气，通过振动测量，将各空压机 2024 年 10 月～ 2025 年 2 月正常运行时图 2-3-10 中各测点的 35 台次测量的振动数据平均值进行统计，见表 2-3-2，作为相对判断标准，测量频段为 1kHz。

表2-3-2　测点的振动数据平均值

测点参数	I级压缩缸			II级压缩缸			曲轴箱		
	1H	1V	1A	2H	2V	2A	3H	3V	3A
加速度 /（mm/s²）	2.55	2.83	2.03	2.92	2.73	3.43	2.65	2.15	2.12
速度 /（mm/s）	3.15	3.44	3.35	2.87	3.13	4.35	3.96	2.04	2.22
位移 /mm	52.8	49.6	53.7	52.1	61.5	65.6	54.6	36.5	38.7

（5）压缩机振动的解决办法

① 压缩机本体消振办法。压缩机未被平衡的惯性力及力矩将引起机器的振动，若不采取一定的措施加强限制，会带来一系列问题。因此，要解决此问题，应该从以下几个方面入手。

a. 合理安排压缩机的级数、列数，加装平衡铁等，提高电机转子动平衡精度，以加强内部动力平衡、减少不平衡扰力及力矩，降低本体的振动；

b. 振动应由基础及基地土均收，理想条件是：基础有足够的强度和刚度，基座地面、垫铁及基础表面有足够的接触面积、良好的接触刚度，地脚螺栓基础振动的振幅控制在允许范围内，从而使机组和基础一起构成一个对扰力作用响应很小的系统，保证压缩机的正常运行；

c. 要求基础和机组的固有频率与力频率相差25%以上，避免发生共振；

d. 选择无基础空压机或大块式基础、隔振基础等。控制基础振幅（或振动速度），如采用联合基础，2～3台同类型压缩机设置同一基础底板。这样可以减小振幅，并可控制机器轴承的磨损；

e. 空压机吸、排气口装设柔性接管，隔绝空压机与管道相互振动的影响。

② 管道消振办法。

a. 控制脉动压力不均匀度。将管道内气体流脉动压力不均匀度控制在允许范围内，并尽力减小，这是最有效的办法；

b. 对管道施工时要求少转弯，避免急转弯，避免空间接头，弯头的圆弧半径尽可能大，这可以减少激振力场和力幅，从而减少机械振动振幅；

c. 设计应进行管道结构固有率计算，尽可能使固有频率在激振频率的3倍以上；

d. 设计刚度是影响管道机构固有频率的重要因素，支撑刚度越强，支撑刚度的变化对系统的固有频率的影响越大，同时，该管道固有频率的值也越小，因此在设计支撑时，应力求支撑强度大而质量小，且管道和支撑应力求刚性连接而不要衬垫，应有自己的基础而不能与空压机相连，标高力求一致且不宜过高；

e. 消振器固有率等于激振力频率，使能量在消振器上消耗，若共振，则消振器无效；

f. 管道安装弹性吊架或减振带，减少隔离管道振动对建筑物的影响，但只能储存能量而无法消耗；

g. 管道上加装容积足够大的缓冲器或储气罐，同时尽量提高总管的通流面积。

任务 5　设备状态监测基础知识认知

任务 5.1　温度监测技术认知

 职业鉴定能力

1. 能够熟悉掌握油膜轴承的工作原理。
2. 能够分析影响油膜轴承烧瓦的因素。

核心概念

为了保证生产工艺在规定的温度条件下完成，一方面，需要对温度进行监测和调节；另一方面，温度也是表征设备运行状态的一个重要指标。

任务目标

1. 能够了解对设备进行温度检测和调节的意义、方法。
2. 能够掌握油膜轴承的工作原理。
3. 能够有效分析造成油膜轴承烧瓦的原因。

素质目标

1. 培养安全规范操作的职业素养。
2. 提升自主探究和小组合作的能力。
3. 逐步培养"质量第一，精益求精"的工匠精神和爱国情怀。

任务引入

某棒材轧机是悬臂式棒材轧机，全线采用 18 架连轧工艺，初轧 6 架，480 中轧机 6 架，365 精轧机 6 架，其中 685 和 510 等 6 架初轧机使用的是油膜轴承。使用原料为 160mm×160mm×12m 的方坯，设计年产量 60 万吨，已达到 90 万吨。投产前三年运行正常，三年以后经常发生烧瓦事故，最严重时，一个月曾发生 5 次烧瓦事故，严重地影响了生产的正常运行。

请进行处理，列举出保障措施。

 **知识链接**

温度是工业生产过程中最普遍和最重要的工艺参数之一，一方面，为了保证生产工艺在规定的温度条件下完成，需要对温度进行监测和调节；另一方面，温度也是表征设备运行状态的一个重要指标，设备出现故障的一个明显特征就是温度的升高，如轴承有故障、电气接点松动或氧化、绝缘损坏等都会导致温度的变化。一些能源的浪费和泄漏也都会在温度方面有所反映；同时温度的异常变化又是引发设备故障的一个重要因素。有统计资料表明，温度测量约占工业测量的50%。因此，温度与设备的运行状态密切相关。

1. 油膜轴承的工作原理

油膜轴承在轧制过程中，由于轧制力的作用，迫使辊轴轴颈发生移动，油膜轴承中心与轴颈的中心产生偏心，使油膜轴承与轴颈之间的间隙形成了两个区域，一个叫发散区（沿轴颈旋转方向间隙逐渐变大），另一个叫收敛区（沿轴颈旋转方向逐渐减小）。

从油膜轴承的工作原理可知，油膜轴承系统内的一个最重要的参数就是最小油膜厚度。如果最小油膜厚度值太小，而润滑油中的金属杂质颗粒过大，金属颗粒的外形尺寸大于最小油膜厚度时，金属颗粒随润滑油通过最小油膜厚度处时，就造成金属接触，严重时就会烧瓦。另外，如果最小油膜厚度值太小，当出现堆钢等事故时，很容易造成轴颈和油膜轴承的金属接触而导致烧瓦。最小油膜厚度值的大小与油膜轴承的结构尺寸及材料、相关零件的加工精度及油膜轴承系统的安装精度、润滑油及轧制力的大小等有关。

2. 影响油膜轴承烧瓦的因素分析

（1）油膜轴承的结构尺寸和材料

① 油膜轴承的轴承间隙。

② 油膜轴承的厚度差。

③ 油膜轴承的材料。

（2）相关零件的加工和安装精度

与油膜轴承系统相关的零件包括油膜轴承、偏心套组件和轧辊轴。油膜轴承系统最理想的工作状态是：油膜轴承内表面与偏心轴承座内表面同心，前后两油膜轴承的中心连线与轧辊轴的中心线同心。偏心套组件是由加工好的两个偏心轴承座和一个连接件组合而成的。因而前后两个偏心轴承座上的内孔和定位销孔，以及连接件上前后两个定位销孔的位置精度要求非常高，使两个偏心轴承座通过定位销孔与连接件连接好后，前后两个偏心轴承座内孔的中心线能保证同心，另外，轧辊轴上前后两个油膜轴承的轴颈也必须保证同心，否则沿轴颈旋转方向上的油楔难以形成，或者使油楔的梯度趋平缓，最终导致最小油膜厚度值变小，严重时会导致轴颈和油膜轴承的局部接触，造成油膜轴承烧瓦。

此外，油膜轴承、偏心套组件和轧辊轴安装时要达到一定的精度，否则也会造成油膜轴承的烧瓦。例如，装油膜轴承时，油膜轴承外表面没有清洗干净，会造成油膜轴承内表面局部点凸起，导致金属接触；野蛮装配油膜轴承，用大铁锤将油膜轴承敲打进偏心轴承座，经常会造成油膜轴承的局部变形，从而引起烧瓦；装油膜轴承时，沿周向的位置不对，致使进油孔没对上，因缺油而烧瓦。

（3）润滑油

在轧制生产过程中，润滑油也会导致油膜轴承的烧瓦事故。其中主要的影响因素有 3 个，即润滑油中的杂质、润滑油的供油和润滑油的温度。

油膜轴承的烧瓦也与负荷有关。负荷增大，最小油膜厚度变小，将增大油膜轴承的磨损，导致烧瓦。

✹ 任务实施

① 保证备件的加工质量。油膜轴承、偏心套组件和轧辊轴是备件质量管理的重点，对偏心套组件的内孔尺寸、油膜轴承的厚度差、轧辊轴轴颈的外径以及 3 种备件的同心度一定要仔细测量。

② 制定合理的备件更换周期。对油膜轴承、辊箱水封油封、滤芯等备件要制定出合理的更换周期。油膜轴承每 3 个月要检查一次，测量轴承间隙，如不超过轴颈直径的 2%，则继续使用。另外，不管间隙是否符合标准，油膜轴承使用一年后必须更换。油封水封和过滤器滤芯要定期更换，以确保润滑油中金属颗粒和水的含量在允许的范围内。

③ 保证供油系统正常工作。为了保证供油系统的正常工作，要定时放水，定时检查油温和供油压力。

④ 精心装配。油膜轴承安装时，可采取冷冻措施，即装配前先将油膜轴承放到 -80℃ 的冰箱中冷冻，2h 后安装油膜轴承，油膜轴承就很容易被压入偏心轴承座内。另外，装配前要对油膜轴承、偏心套组件和轧辊轴的有关尺寸进行检测。装配完成后，再通过检测有关点的间隙来确定轧辊轴是否与偏心套组件同心。

⑤ 强化管理。解决过负荷问题首先强调在生产中坚决杜绝轧低温钢的现象。必须严格按照规程加热钢坯，保证钢坯在炉中的加热时间和各段加热温度，避免出炉钢坯出现"外熟里生"烧不透的现象。其次就是强调均衡生产，严格按计划组织生产，避免出现月初松，月末紧，突击抢任务的现象。另外是加强对经常发生烧瓦事故辊箱的过负荷监控，及时掌握这些辊箱的生产运行中的负荷情况，及时采取措施，避免轧机过负荷现象的发生。

任务 5.2　噪声诊断技术认知

 职业鉴定能力

1. 能够了解机械振动和噪声产生的原因。
2. 能够了解描述噪声的物理量意义。
3. 熟练掌握噪声诊断方法。

 核心概念

机器运行过程中所产生的振动和噪声是反映机器工作状态诊断信息的重要来源。振动和噪声是机器运行过程中的一种属性，即使是最精密、最好的机械设备也不可避免地要产生振动和噪声。

 任务目标

1. 能够分析设备产生噪声的原因。
2. 能够熟练掌握噪声的特点和诊断方法。
3. 能够处理任务目标的噪声故障。

 素质目标

1. 培养安全规范操作的职业素养。
2. 提升自主探究和小组合作的能力。
3. 逐步培养"质量第一，精益求精"的工匠精神和爱国情怀。

📖 **任务引入**

某液压系统如图 2-3-11 所示。该系统中的溢流阀引起了振动与噪声。

故障症状为：当电液比例阀未通电，H02 与 H03 电磁铁同时得电，系统出现严重的噪声及压力波动，但 H02 或 H03 中的一个电磁铁通电时没有这种现象。

请进行故障诊断与处理。

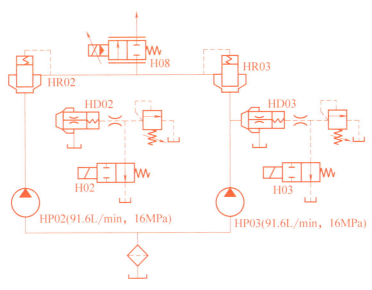

图 2-3-11　产生谐振的液压系统

 知识链接

　　机器运行过程中所产生的振动和噪声是反映机器工作状态诊断信息的重要来源。振动和噪声是机器运行过程中的一种属性，即使是最精密、最好的机械设备也不可避免地要产生振动和噪声。振动和噪声的增加，大多是由故障引起的，任何机器都以其自身可能的方式产生振动和噪声。因此，只要抓住所监测机器零部件生振发声的机理和特征，就可以对其状态进行诊断。

　　在机械设备状态监测与故障诊断技术中，噪声监测也是较常用的方法之一。

　　为了能更好地理解噪声监测和诊断技术，有必要学习相关声学基础。

1. 机械振动和声

　　声音是由声波刺激人耳神经所引起的感觉。产生声音的条件有两个：一是物体的振动，二是声波传播的介质。

　　只有特定频率范围（20Hz ～ 20kHz）内的声波，可使人耳产生听觉，这就是通常意义上的声音。频率低于 20Hz 的声波称为次声波，次声波不仅可以用来探测气象、分析地震和军事侦察，还可用于机械设备的状态监测，特别是在远场测量情况下。频率高于 20kHz 的声波称为超声波，由于它传播时定向性好，穿透性强，以及在不同介质中波速、衰减和吸收特性的差异，故在机械设备的故障诊断中也很有用。

2. 描述噪声的常用物理量

　　描述噪声特性的方法可分为两类：一类是把噪声单纯地作为物理扰动，用描述声波的客观特性的物理量来反映，这是对噪声的客观量度；另一类涉及人耳的听觉特性，根据听者感觉到的刺激来描述，这是噪声的主观评价。

噪声强弱的客观量度用声压、声强和声功率等物理量表示。

噪声的频率特性通常采用频谱分析的方法来描述。用这种方法可较细致地分析在不同频率范围内噪声的分布情况。

3. 噪声源与故障源识别

噪声监测的一项重要内容就是通过噪声测量和分析，来确定机器设备故障的部位和程度。噪声识别的方法很多，从复杂程度、精度高低以及费用大小等方面均有很大差别，这里介绍几种现场实用的识别方法。

① 主观评价和估计法。

② 近场测量法。

③ 表面振速测量法。

④ 频谱分析法。

⑤ 声强法。

在各类阀中，溢流阀的噪声最为突出。在大型溢流阀上，症状比较明显，主要的振动与噪声原因是阀座损坏，阀芯与阀孔配合间隙过大，阀芯因内部磨损、卡滞等引起动作不灵活。溢流阀调压手轮松动也将导致振动，压力由调压手轮调定后，如松动则压力产生变化，引起噪声，所以压力调定后手轮要用锁紧螺母锁牢。调压弹簧弯曲变形引起呼声，由于弹簧刚性不够，当其振动频率与系统频率接近或相同时，产生共振，解决办法是更换弹簧。

阀的不稳定振动现象会引起压力脉动而造成噪声。如先导式溢流阀在工作电导阀处于稳定高频振动状态时产生的噪声，溢流阀也可能由于谐振而产生严重的噪声及压力波动。

🔧 任务实施

振动与噪声来自溢流阀。溢流阀是在液压力和弹簧力的相互作用下进行工作的，极易激起振动而产生噪声。对于这个系统，双泵输出的压力油经单向阀合流，发生流体冲击与波动，引起流体振荡，从而导致液压泵输出压力不稳定，又由于泵输出的压力油本身就是脉动的，因此，泵输出的压力油波动加剧，便激起溢流阀振动。两个溢流阀结构相同，固有频率也相同，便引起溢流阀共振，发出异常噪声。

后来将溢流阀 HD03 调低至 15MPa，症状消失。此时，两溢流阀调出的压力不等，比例阀 H08 未打开，HR03 不会打开，两泵供出的压力油分别经各自的溢流阀回油箱，不致因合流而发生共振。

第二部分

电气设备点检管理

项目4　电工认知

任务 1　用电安全认知

 职业鉴定能力

1. 正确认识安全用电的重要性。
2. 具备熟悉掌握电工安全操作规范的能力。

核心概念

"安全用电，珍视生命"，为了保证电气设备及点检人员的人身安全，国家按照安全技术的要求颁布了一系列安全技术规程。在进行机电设备点检时，须格外注意，认真遵守。

任务目标

1. 掌握相关触电的知识，可能产生触电的情况。
2. 了解触电预防措施，正确穿戴安全护具。
3. 掌握触电急救方法。

 素质目标

1. 培养电气安全规范操作的职业素养。
2. 掌握触电预防措施及急救方法。
3. 培养"一丝不苟，以人为本"的工匠精神。

 任务引入

设备点检时，面对不同的作业环境与点检对象，必须遵照电气安全技术操作规程进行点检操作，否则不仅会损坏电气设备，而且严重时还常常危及操作人员的生命安全，因此，务必提高电气安全意识，严格遵守操作规程，保障电气设备和技术人员的安全。

执行电气点检任务前，务必具备相关用电知识。执行电气点检的点检人员必须具备相关岗位职业资格，持证上岗。

点检任务：具有高度的安全用电意识，熟悉电气安全措施。

🌐 知识链接

了解能产生触电现象的几种情况。

1. 会产生触电的方式

（1）单相触电

在低压电力系统中，若人站在地上接触到一根火线的触电，即为单相触电或称单线触电，如图 2-4-1（a）、（b）所示。人体接触漏电的设备外壳，也属于单相触电，如图 2-4-1（c）所示。

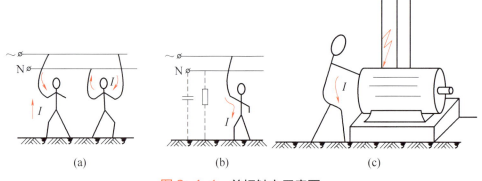

(a)　　　　　　(b)　　　　　　(c)

图 2-4-1　单相触电示意图

（2）两相触电

人体不同部位同时接触两相电源带电体而引起的触电叫两相触电，如图 2-4-2

所示。

（3）接触电压触电

电气设备的金属外壳带电，人站在带电金属外壳旁，人手触及外壳时，其手、脚之间承受的电位差，就是接触电压触电。

（4）跨步电压触电

当电气设备或线路发生接地故障时，接地电流通过接地体向大地四周流散，在地面上形成分布电位。人假如在接地点周围 20m 以内行走，两脚间就有电位差，这就是跨步电压触电，如图 2-4-3 所示。

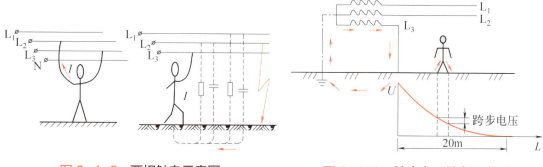

图 2-4-2　两相触电示意图　　　　图 2-4-3　跨步电压触电示意图

2. 安全电压

不带任何防护设备，对人体各部分组织均不造成伤害的电压值，称为安全电压。

世界各国对于安全电压的规定有：50V、40V、36V、25V、24V 等。国际电工委员会（IEC）规定安全电压限定值为 50V。我国规定 12V、24V、36V 三个电压等级为安全电压级别。在湿度大、狭窄、行动不便、周围有大面积接地导体的场所使用的手提照明，应采用 12V 安全电压。

3. 触电急救能力

在点检过程中发生触电事故时，应具有触电急救能力，首先应根据低压电源和高压电源情况切断电源，使触电者脱离触电环境，其次是迅速进行现场救护。

✖ 任务实施

执行电气点检的作业人员必须具有高度的安全用电意识，严格按照工作手册顺序逐一点检，在进行检测时应格外注意以下电气安全措施。

1. 执行电气点检任务的人员作业时应具备的基本电气安全措施

① 作业前必须经过专业培训，考试合格，持有电工作业操作证。

② 了解工作地点、工作范围及设备的运行情况、安全措施等。

③ 现场工作开始前，应检查已做的安全措施是否符合保证人身安全的要求，运

行设备和检修设备之间的安全隔离措施是否安全正确且完成，严防走错设备（间隔）位置。

④ 正确识别现场安全标志及安全色，国家标准规定安全色分红、蓝、黄、绿、黑五种颜色，红色表示停止和消防；蓝色表示必须遵守规定；黄色表示注意和警告；绿色表示安全、通过、允许和工作；黑色用于标记图像、文字和警告标志的几何图形。

⑤ 作业人员进入现场，应正确佩戴安全帽，穿符合作业安全电压等级的绝缘劳保鞋，预防电击和刺穿，穿长袖工作服，袖口、领口扣子扣好，佩戴绝缘手套等。

⑥ 携带合适的电气检测工具，并按照规定定期进行工具校验，保证其能正常使用，并贴有检测合格标志，否则不能使用。

⑦ 掌握正确的停电、送电作业操作顺序，严格按照操作流程动作。

⑧ 具备电气灭火常识，电气火灾不同于一般火灾，须严格按照电气灭火安全要求进行。

⑨ 在高处设备上作业的人员必须采取可靠的安全保护措施才能进行作业。

2. 当遇到身边人出现低压触电意外，应进行的急救的具体措施

触电属于意外，身旁的人一定要迅速采取行动，尽快救治。

第一步，先让触电者脱离电源。脱离低压电源，可以找身边的木棍或者绝缘物品，迅速地将触电者拖到安全的地方，最好是移至通风、干燥处。如遇高压触电事故，应立即通知有关部门停电。要因地制宜，灵活运用各种方法，快速切断电源。

第二步，查看触电者的身体状况。如此时触电者已经昏迷，让触电者仰卧，检查伤口，要仔细观察一下触电者的瞳孔是否放大，确定一下触电者有无呼吸存在。

第三步，做急救措施，快速救治触电者。急救的方法包括心脏按压、人工呼吸等几种方式。首先，让触电者仰卧，清除触电者口内的异物，然后进行人工呼吸，连续操作，直到患者苏醒为止。

第四步，如果患者还未苏醒，可使用心脏按压法，对准患者的心脏部位用手掌有节奏慢慢按压，坚持几分钟，这样能够帮助触电者快速恢复意识。

任务 2　常用仪器仪表使用

 职业鉴定能力

1. 能正确认识常用的电工工具和仪器仪表。
2. 具备正确选择和使用电工工具及仪器仪表的能力。

核心概念

电路中的各个物理量的大小，除用分析与计算的方法外，常用电工工具和仪表去测量。

任务目标

能正确选用及熟练使用合适的仪器仪表，如数字万用表、兆欧表（摇表）、钳形电流表。

素质目标

1. 培养电气安全规范操作的职业素养。
2. 合理运用电工仪表，培养熟练的操作技能。
3. 培养"一丝不苟，以人为本"的工匠精神。

任务引入

作为冶金设备点检的从业人员，能够正确识别及使用常用的仪器仪表的重要性，毋庸置疑。电气仪表随时都在准确无误地反映或累计电气量的各种变化值，可靠的电气测量是保障电气设备和人身安全的重要手段。

点检任务：熟练掌握使用数字万用表、兆欧表（摇表）、钳形电流表等常用仪表进行电气测量的方法，学会对测量数据进行正确处理。

知识链接

1. 数字万用表

数字万用表的测量过程是由转换电路将被测量转换成直流电压信号，再由模/数（A/D）转换器将电压模拟量转换成数字量，然后通过电子计数器计数，最后把测量结果用数字直接显示在显示屏上，如图 2-4-4 所示。当测电压、电流、二极管、电容等不同量时需切换至不同挡位，数字万用表挡位界面如图 2-4-5 所示，对应的表笔插孔说明如图 2-4-6 所示。注意：不能在测量的同时换挡，尤其是在测量高电压或大电流时，否则会毁坏万用表。

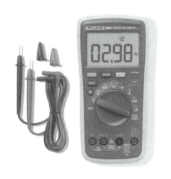

图 2-4-4　数字万用表

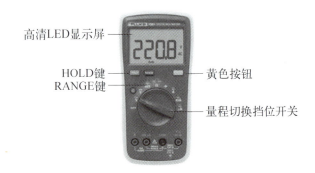

高清LED显示屏

HOLD键
RANGE键

黄色按钮

量程切换挡位开关

图 2-4-5　数字万用表界面说明

①用于交流电和直流电电流测量（最高可测量10A）和频率测量(17B+/18B+)的输入端子

②用于交流电和直流电的微安以及毫安测量(最高可测量400mA)和频率测量(17B+/18B+)的输入端子

③适用于所有测量的公共(返回)接线端

④用于电压、电阻、通断性、二极管、电容、频率(17B+/18B+)、占空比(17B+/18B+)、温度(仅限17B+)和LED测试(仅限18B+)测量的输入端子

图 2-4-6　数字万用表笔插孔说明

2. 兆欧表

兆欧表又叫摇表，是一种简便、常用的测量高电阻的直读式仪表，可用来测量电路、电机绕组、电气设备等的绝缘电阻。兆欧表由一个手摇发电机、表头和三个接线柱（L：线路端，E：接地端，G：屏蔽端）组成，如图 2-4-7 所示。测量电气设备的对地绝缘电阻时，"L"用单根导线接设备的待测部位，"E"用单根导线接设备外壳。测量电气设备

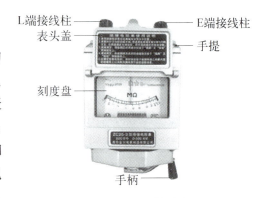

L端接线柱
表头盖
刻度盘

E端接线柱
手提
手柄

图 2-4-7　兆欧表

内两绕组之间的绝缘电阻时，将"L"和"E"分别接两绕组的接线端。测量电缆的绝缘电阻时，为消除因表面漏电产生的误差，"L"接线芯，"E"接外壳，"G"接线芯与外壳之间的绝缘层。试验时接线必须正确无误。

3. 钳形电流表

简称钳形表，主要由电磁式电流表和穿心式电流互感器组成。穿心式电流互感器的铁芯制成活动开口，且成钳形，是一种不需要断开电路就可直接测电路交流电流的携带式仪表，如图 2-4-8 所示，其按钮功能如图 2-4-9 所示。钳形表在电气检修中使用非常方便，应用相当广泛。

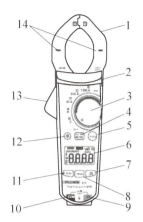

图 2-4-8　钳形表

图 2-4-9　钳形表按钮功能说明图

1—测钳；2—触摸挡板；3—旋转功能开关；4—直流交流
模式选择；5—保持按钮；6—数字显示屏；7—最小／最
大值按钮；8—启动电流按钮；9—电压电阻输入端子；
10—公共端子；11—归零按钮；12—背光灯按钮；
13—钳口开关；14—对准标记

 **任务实施**

1. 使用数字万用表进行电气测量

（1）使用数字万用表测量电阻

① 首先将红表笔插入 VΩ 孔，将黑表笔插入 COM 孔。

② 量程旋钮打到"Ω"量程挡适当位置，分别用红黑表笔接到电阻两端金属部分读出显示屏上显示的数据。

注意事项：量程的选择和转换。若屏幕显示"OL"或"1."，则表示超过了当前量程挡位所能测量的最大值，此时应换用较原来大的量程；反之，量程选大了的话，显示屏上会显示一个接近于"0"的数，此时应换用较原来小的量程。

（2）使用数字万用表测量直流、交流电压

① 将红表笔插入 VΩ 孔，将黑表笔插入 COM 孔。

② 量程旋钮打到 V-（测直流）或 V～（测交流）适当位置，读出显示屏上显示的数据。

注意事项：把旋钮选到比估计值大的量程挡（注意：直流挡是 V-，交流挡是 V～），接着把表笔接电源或电池两端；保持接触稳定，数值可以直接从显示屏上读取。若显示为"1."，则表明量程太小，要加大量程后再测量。测直流电压若在数值左边出现"-"，则表明表笔极性与实际电源极性相反。交流电压无正负之分，测量方法跟前面相同。无论测交流还是直流电压，都要注意人身安全，不要随便用手触摸表笔的金属部分。

（3）使用数字万用表测量直流、交流电流

① 断开电路。黑表笔插入 COM 端口，红表笔插入 mA 或者 A 端口，功能旋转开关打至 A～（交流）或 A-（直流），并选择合适的量程，断开被测线路，将数字万用表串联入被测线路中，被测线路中电流从一端流入红表笔，经万用表黑表笔流出，再流入被测线路中。

② 接通电路，读出显示屏数字。

注意事项：如果使用前不知道被测电流范围，将功能开关置于最大量程并逐渐下降，如果显示器只显示"1."，表示过量程，过量的电流将烧坏熔丝，应再更换，20A 量程无熔丝保护，测量时不能超过 15s。将万用表串进电路中，保持稳定，即可读数。如果在数值左边出现"–"，则表明直流电流从黑表笔流进万用表。其余部分与交流电压注意事项大致相同。

2. 使用兆欧表进行电气测量

（1）使用兆欧表测绝缘电阻

测量电气设备绝缘电阻是检查其绝缘状态最简便的辅助方法。

① 测量前必须将被测设备电源切断，并对地短路放电，放电时间不得少 1min，电容量较大的电力电缆不得少于 2min，以保证安全及试验结果准确，同时保证人身和设备的安全。

② 被测物表面要清洁，用干燥、清洁的软布擦去绝缘表面的污垢，以减少接触电阻，确保测量结果的正确性。

③ 仪器应放在平稳、牢固的地方，以免在操作时因抖动和倾斜产生测量误差，致使读数不准。

④ 测量前要检查仪器是否处于正常工作状态，主要检查其"0"和"∞"两点。不接线摇动兆欧表，表针应指向"∞"处，再将表上有"L"（线路）和"E"（接地）的两接线柱短接，慢慢摇动手柄，表针应指向"0"处。

⑤ 测量电动机绕组之间的电阻时，将"L"和"E"分别接两绕组的接线端，平放摇表，以 120r/min 的匀速转动摇表把手 1min 后，读取表针稳定的指示值，记录其绝缘电阻值。

⑥ 测量电气设备的对地绝缘电阻时，"L"用单根导线接设备的待测部位，"E"用单根导线接设备外壳。

⑦ 测量电缆的绝缘电阻时，为消除因表面漏电产生的误差，"L"接线芯，"E"接外壳，"G"接线芯与外壳之间的绝缘层。

（2）注意事项

① 被测设备必须与其他电源断开，测量完毕一定要将被测设备充分放电（约需 2～3min），以保护设备及人身安全。

② 兆欧表与被测设备之间应使用单股线分开单独连接，并保持线路表面清洁干燥，避免因线与线之间绝缘不良引起误差。

③ 摇测时，将兆欧表置于水平位置，摇把转动时其端钮间不许短路。摇测电容器、电缆时，必须在摇把转动的情况下才能将接线拆开，否则反充电将会损坏兆欧表。

④ 为了防止被测设备表面泄漏电阻，使用兆欧表时，应将被测设备的中间层（如电缆壳芯之间的内层绝缘物）接于保护环。

⑤ 摇动手柄时，应由慢渐快，均匀加速到 120r/min，并注意防止触电。摇动过程中，当指针已指零时，就不能再继续摇动，以防表内线圈发热损坏。

⑥ 禁止在雷电天气或在邻近有带高压导体的设备处使用兆欧表测量。

⑦ 应视被测设备电压等级的不同选用合适的绝缘电阻测试仪。

3. 使用钳形电流表进行电气测量

（1）使用钳形表测量交、直流电流

① 将旋转功能开关转至合适的电流量程。

② 如果需要，可按按钮选择直流电流，默认是交流电流。

③ 如要进行直流测量，先等待显示屏稳定，然后将仪表归零。

④ 按住钳口开关，张开夹钳并将待测导线插入夹钳中。

⑤ 闭合夹钳并用钳口上的对准标记使导线居中。

⑥ 查看液晶显示屏上的读数。

注意事项：

① 在归零仪表之前，请确保钳口已闭合并且钳口之间没有导线。

② 为了避免触电或人身伤害，流向相反的电流会相互抵消。一次只能在夹钳中放入一根导线，如图 2-4-10 所示。

（2）使用钳形表测量交、直流电压

① 将旋转功能开关转至电压挡位。

② 如果测量直流电压，按按钮变换为直流电压，默认是交流电压。

③ 将黑色测试导线插入 COM 端子，并将红色测试导线插入 VΩ 端子。

④ 将探针接触想要测量的电路测试点，测量电压，如图 2-4-11 所示。

⑤ 查看液晶显示屏上的读数。

注意事项：

① 为了避免触电或人身伤害，在进行电气连接时，先连接公共测试导线，再连接带电的测试导线。

② 切断连接时，则先断开带电的测试导线，然后再断开公共测试导线。

③ 使用测试探针时，手指握在护指装置的后面。

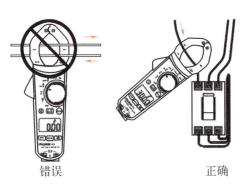

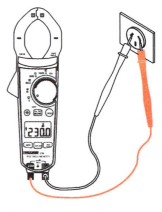

图2-4-10　钳形表测电流　　　　　图2-4-11　钳形表测电压

任务3　电气绝缘检测

职业鉴定能力

1. 具备电气设备绝缘工作状态检测的能力。
2. 具备电气设备绝缘点检与维护的能力。

核心概念

　　所谓绝缘是利用绝缘材料将带电体隔离或包裹起来，以对触电起保护作用的一种安全措施。电气绝缘可以防止电气设备短路和接地，保证电气设备与线路的安全运行，防止人身触电事故的发生。

任务目标

　　熟悉电气绝缘的概念、作用，具备测试电气设备绝缘的能力。

素质目标

1. 培养电气安全规范操作的职业素养。
2. 全面掌握电工基础知识。
3. 培养"一丝不苟，以人为本"的工匠精神。

任务引入

电气绝缘是起触电保护作用的一种安全措施，可以防止电气设备短路和接地，保证电气设备与线路的安全运行，防止人身触电事故的发生。当电动机或其他电气设备长期使用或停用、备用时间较长时，电气设备的绝缘将会劣化，统计表明，电气设备运行中 60% ～ 80% 的事故是由绝缘故障导致的。所以，进行电气设备绝缘测量，及时采取措施，对提高电气设备运行可靠性具有极其重要的意义。

点检任务：测量不同电气设备的绝缘电阻。

知识链接

1. 绝缘材料的分类

绝缘材料的主要作用是隔离带电的或不同电位的导体，使电流能按预定的方向流动。绝缘材料大部分是有机材料，其耐热性、机械强度和寿命比金属材料低得多。电工绝缘材料分气体、液体、固体以及真空四大类。

2. 绝缘材料的特性

绝缘材料的作用是在电气设备中把电势不同的带电部分隔离开来，其具有较高的绝缘电阻和耐压强度，能避免发生漏电、击穿等事故。其次，绝缘材料耐热性能要好，避免因长期过热而老化变质。此外，还应有良好的导热性、耐潮防雷性和较高的机械强度。常用绝缘材料的性能指标有绝缘强度、拉伸强度、密度、膨胀系数等。

使 1mm 厚的绝缘材料击穿，需加上的最低电压叫作绝缘材料的耐压强度，简称绝缘强度。绝缘材料都有一定的绝缘强度，因此各种电气设备、安全用具、电工材料，制造厂都在上面标有额定电压，以免发生事故。

拉伸强度：绝缘材料单位截面积能承受的拉力。

绝缘材料的绝缘性能与温度也有密切的关系。温度越高，绝缘材料的绝缘性能越差，为保证绝缘强度，每种绝缘材料都有一个最高允许工作温度，在此温度以下，可以长期安全地使用，超过就会迅速老化。按照耐热程度即最高允许工作温度，把绝缘材料分为 Y、A、E、B、F、H、C 共 7 个级别。例如，A 级绝缘材料的最高允许工作温度为 105℃，一般使用的配电变压器、电动机中的绝缘材料大多属于 A 级。

3. 电气绝缘的老化

电气设备的绝缘性能在长期运行过程中会发生一系列的物理变化和化学变化，致使其绝缘及其他性能不可逆地下降，这种现象统称为绝缘的老化。绝缘老化的表现形式是各方面的，如击穿强度的降低、机械强度或其他性能的降低等。

4. 绝缘老化影响因素

造成绝缘老化的原因很复杂，有电老化和热老化，还有受潮及污染等等。这些原因可能在绝缘中同时存在，或从一种老化形式转变为另一种形式，往往很难互相加以分开。

（1）电介质的热老化

在高温的作用下，电介质在短时间内就会发生明显的劣化；即使温度不太高，但如作用时间很长，绝缘性能也会发生不可逆的劣化，这就是电介质的热老化。温度越高，绝缘老化得越快，寿命越短。

（2）电介质的电老化

电老化指在外加高电压或强电场作用下的老化。介质电老化的主要原因是局部放电，会引起固体介质的腐蚀、老化、损坏。

（3）其他影响因素

机械应力：对绝缘老化的速度有很大的影响，由其导致的裂缝，会引起局部放电。

环境条件：紫外线、日晒雨淋、湿热等也对绝缘的老化有明显的影响。

绝缘老化的原因主要有热、电和机械力的作用，此外还有水分、氧化、各种射线、微生物等因素的作用。各种原因同时存在、彼此影响、相互加强，加速老化过程。

5. 电气设备绝缘电阻测试

电气设备停用、备用或存放，都有受潮、积灰的现象，影响电气设备的绝缘；长期使用的电气设备，绝缘也有可能老化。测量电气设备绝缘电阻值的大小常能灵敏地反映绝缘情况，能有效地发现设备局部或整体受潮和脏污，以及绝缘击穿和严重过热老化等缺陷。了解问题后应及时采取措施，保证不影响电气设备的安全运行或切换使用。

世界上没有绝对"绝缘"的物质。在绝缘物质两端加直流电压时，介质中总会有电流流过，这三种电流是：不随时间而改变的漏导电流；只在加压瞬间出现，立刻衰减为零的电容电流；以及会随时间逐渐衰减的吸收电流。

① 绝缘电阻。指电气设备绝缘层在直流电压作用下，电压与流过的漏导电流的比值，即为呈现的电阻值。

② 吸收比。指给电气设备加压 60s 测得的绝缘电阻与加压 15s 测得的绝缘电阻的比值。

③ 极化指数。指给电气设备加压 10min 测得的绝缘电阻与加压 1min 测得的绝缘电阻的比值。

电气设备的使用寿命一般取决于其绝缘的寿命，后者与老化过程密切相关。因此通过绝缘检测判别其老化程度是十分重要的。

✹ 任务实施

测量电气设备的绝缘电阻，是检测电气设备绝缘状态最简单和最基本的方法。在现场普遍用绝缘电阻表（兆欧表）也叫摇表，用摇表检查绝缘材料是否合格，它能发现绝缘材料是否受潮、损伤、老化，从而发现设备缺陷。

1. 母线绝缘测量

（1）400V 母线绝缘

① 正确选用摇表。摇表的额定电压应根据被测电气设备的额定电压来选择。测量 500V 以下的设备，选用 500V 或 1000V 的兆欧表。

② 测量点选取，母线进线开关出线口（打开后柜门）。

③ 测量前的准备措施。母线上所有负荷开关在冷备用状态，并且将所有负荷开关的二次保险取下。

④ 正确使用摇表，将摇表的导体端接到母线进线开关的上触头，接地端与接地网相连。

⑤ 测量出的绝缘值不应小于 50MΩ。

（2）10kV 母线绝缘

① 正确选用摇表。额定电压在 500V 以上的设备，应选用 1000V 或 2500V 的兆欧表；摇表的额定电压应根据被测电气设备的额定电压来选择。

② 测量点选取，PT 柜上触头（将 PT 小车拉到柜外）或母线避雷器导体处。

③ 具体测量措施。断开母线 PT，或将小车拉至检修位置，母线上所有负荷开关在冷备用状态。

④ 测量出的绝缘值不应小于 100MΩ。

2. 变压器绝缘测量

新安装或检修后及停运半个月以上的变压器，投入运行前，均应测定线圈的绝缘电阻。

① 测量变压器绝缘电阻，对线圈运行电压在 500V 以上者应使用 1000 ~ 5000V 摇表，500V 以下应使用 500V 摇表。

② 变压器绝缘状况的好坏按以下要求判定：

a. 在变压器使用时所测得绝缘电阻值与变压器在安装或大修干燥后投入运行前测得的数值之比，不得低于 50%。

b. 吸收比 $R60''/R15''$ 不得小于 1.3 倍。

符合上述条件，则认为变压器绝缘合格。

③ 测量措施。

a. 必须在变压器停电时进行，各线圈出线都有明显断开点。

b. 变压器周围清洁，无接地物，无作业人员。

c. 测量前应对地放电，测量后也应对地放电。

d. 须登高测量（大型变压器）时，测试人员应正确佩戴安全带。

e. 中性点接地的变压器，测量前应将中性点刀闸拉开，测量后应恢复原位。

f. 测量点：高、低压侧套管，使用封闭母线的主变，低压侧可在母线 PT 或避雷器处测量。

3. 电机绝缘测量

（1）电动机绝缘测量

① 6kV 电动机应使用 2500V 摇表测量绝缘电阻 $R60''$，在常温下其值不低于 6MΩ。

② 380V 电机应使用 500V 摇表测量绝缘电阻 $R60''$，其值不小于 0.5MΩ。

③ 容量为 500kW 及以上的高压电动机，测量吸收比 $R60''/R15''$ 应不小于 1.3，所测电阻值与前次同样温度下比较应不低于前次值的 50%。

④ 电动机停用不超过两周且未经检修，若在环境干燥的情况下，送电和启动前可不测绝缘，但发现电动机被淋水、进汽或怀疑其绝缘受潮时，则送电或启动前必须测量绝缘电阻。

⑤ 大修后的大型电机轴承垫绝缘用 1000V 摇表测量，其值不低于 0.5MΩ。

⑥ 变频调速器测电机绝缘电阻时，应将操作箱内的电机电源隔离开关断开，在隔离开关下口测电机绝缘；测电源电缆绝缘时，应先断开变频器操作箱内的空气开关，再测电缆绝缘，严禁对变频器外加电压。

⑦ 测绝缘前断开电动机电源开关，软启动的电机应解开软启动出线电缆。

⑧ 测试地点：电机接线盒内。

（2）发电机绝缘测量

发电机一次系统检修后或停机备用超过一周（视各厂规程），启机前应测量定子回路的绝缘电阻，转子回路、励磁系统的绝缘电阻。若测量值较前次有显著的降低（考虑温度及湿度的变化，如降低到前次的 1/3 ～ 1/5），应查明原因并将其消除。

定子侧绝缘测试。

① 摇表：2500V。

② 地点：机端 PT 或避雷器处。

③ 措施：出口断路器、隔离刀闸在分闸位，发电机中性点接地刀闸在分闸位，发电机出口接地刀在分闸位，发电机灭磁开关在分闸位。

④ 绝缘值：视电压等级和规程确定。

转子侧绝缘测试。

① 摇表：500V 或 1000V。

② 地点：灭磁开关下口或集电环。

③ 措施：出口断路器、隔离刀闸在分闸位，发电机灭磁开关在分闸位，励磁系统二次侧保险应断开，转子一点接地保护退出。

④ 绝缘值：视电压等级和规程确定，一般情况下不小于 $1M\Omega$。

任务 4　接地系统维护

 职业鉴定能力

1. 具有对接地系统保护原理进行分析的能力。
2. 具有对接地系统进行日常点检与维护的能力。

 核心概念

接地就是利用接地装置将电力系统中各种电气设备的某一点与大地直接构成回路，使电力系统在遭受雷击或发生故障时形成对地电流和流泄雷电流，从而保证电力系统的安全运行和人身安全。

任务目标

熟悉接地系统，掌握接地系统的分类及特点。

素质目标

1. 培养电气安全规范操作的职业素养。
2. 全面掌握电工基础知识。
3. 培养"一丝不苟，以人为本"的工匠精神。

任务引入

为保证电气设备和人身的安全，在整个电力系统中，包括发电、变电、输电、配电和用电的每个环节所使用的各种电气设备和电气装置都需要接地。可靠的接地对于保护设备的安全运行和人身安全意义重大。

点检任务：

① 明确接地的安全技术要求。

② 了解设备接地连接检查的注意事项。

知识链接

我国 110kV 及以上系统普遍采用中性点直接接地；35kV、10kV 系统普遍采用中性点不接地系统或经大阻抗接地系统；380V/220V 低压配电系统按保护接地的形式不同可分为：IT 系统、TT 系统和 TN 系统。

1. IT 系统

IT 系统如图 2-4-12 所示。电源端的带电部分不接地或有一点通过阻抗接地，电气装置的外露可导电部分直接接地，过去称三相三线制供电系统的保护接地。

2. TT 系统

TT 系统如图 2-4-13 所示。电源端有一点直接接地，电气装置的外露可导电部分直接接地，此接地点在电气上独立于电源端的接地点，称三相四线制供电系统保护接地。

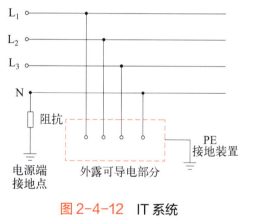

图 2-4-12　IT 系统

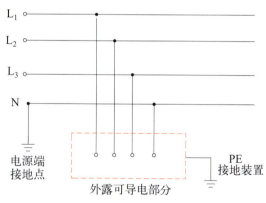

图 2-4-13　TT 系统

3. TN 系统

在低压配电系统中性点直接接地的 380/220V 三相四线电网中，将正常运行时不带电的用电设备的金属外壳经公共的保护线与电源的中性点直接电气连接，称三相四线制供电系统中的保护接零。

在低压配电的 TN 系统中，中性线的作用一是接驳相电压 220V 的单相设备，二是传导三相系统中的不平衡电流和单相电流，三是减少负载中性点电压偏移。

（1）TN-S 系统

TN-S 系统线路采用三相五线制送电（3 根火线，1N，一地 PE），进入用电处后，PE 线做重复接地，如图 2-4-14 所示。这种系统的 N 线和 PE 线是分开的，所有

设备的外露可导电部分均与公共 PE 线相连。这种系统的特点是公共 PE 线在正常情况下没有电流通过，因此不会对接在 PE 线上的其他用电设备产生电磁干扰。此外，由于其 N 线与 PE 线分开，因此其 N 线即使断线也不影响接在 PE 线上的用电设备，提高了防间接触电的安全性。所以，这种系统多用于环境条件较差、对安全可靠性要求高及用电设备对电磁干扰要求较严的场所。

（2）TN-C 系统

TN-C 系统线路采用三相四线制送电（3 根火线，N 和 PE 线是一根线，叫 PEN 线），进入用电处后，PEN 线做重复接地，如图 2-4-15 所示。所有设备外露可导电部分（如金属外壳等）均与 PEN 线相连。当三相负荷不平衡或只有单相用电设备时，PEN 线上有电流通过。这种系统一般能够满足供电可靠性的要求，而且投资省，节约有色金属，所以在我国低压配电系统中应用最为普遍。

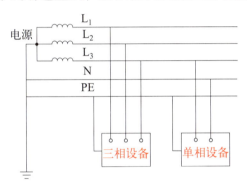

图 2-4-14　TN-S 系统　　　　图 2-4-15　TN-C 系统

（3）TN-C-S 系统

TN-C-S 系统采用三相四线制送电（3 根火线，N 和 PE 线是一根线，叫 PEN 线），进入用电处后，PEN 线做重复接地，并在重复接地极引出一根 PE 线，这根 PE 线是设备专用的接地保护线，此时因为又引出了一根 PE 线后，线路增加了一根 PE 线，此时用电处的供电线路实际上变成了 5 根线［3 根火线、一根 N（即从变压器来的 PEN 线）和一根自己做重复接地后引出的 PE 线］。

如图 2-4-16 所示，这种系统前部为 TN-C 系统，后部为 TN-S 系统（或部分为 TN-S 系统）。它兼有 TN-C 系统和 TN-S 系统的优点，常用于配电系统末端环境条件较差且要求无电磁干扰的数据处理或具有精密检测装置等设备的场所。

总结一下，TN-C 系统是四线制送电。TN-S 系统是五线制送电。供电方式都是采用 380V 供电。

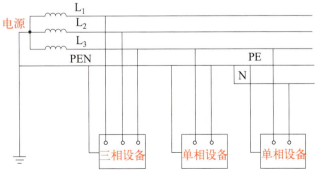

图 2-4-16　TN-C-S 系统

 **任务实施**

1. 接地与接零的安全技术要求

接地装置与接零装置可靠而良好地运行，对于保障人身安全具有十分重要的意义。在其安装、运行及检查维护过程中，应注重达到以下安全技术要求。

① 必须保证电气设备至接地体之间或电气设备至变压器低压侧中性点之间导电的连续性，不能有脱节现象，自然接地体与人工接地体之间务必连接可靠。接地装置之间焊接时，扁钢搭焊长度应为宽度的 2 倍，且至少在 3 个棱边焊接，圆钢搭焊长度应为其直径的 6 倍。采用其他方式连接时，必须保证接触良好，接地电阻值应符合规程要求。

② 接地体宜采用钢质镀锌元件制成，焊接处涂沥青油，露出地面部分刷漆。在有强烈腐蚀性的土壤中，应采用镀铜或镀锌元件制成的接地体，并适当增大其截面积，以保证接地体有足够的机械强度和防腐性能。

③ 采用保护接零时，零线应有足够的导电能力，以便使保护装置在发生短路时能迅速动作，在不利用自然导体作零线的情况下，保护零线的导电能力不应低于相线的二分之一。大接地电流系统的接地装置应校核发生单相接地时的热稳定性。

④ 接地体与建筑物的距离不应小于 1.5m，与独立避雷针的接地体之间的距离不应小于 3m。为了提高接地的可靠性，电气设备的工作接地、保护接地和防雷接地支线（或接零支线）应单独与接地干线或接地体相连，连接点应有两处。此外，接地体上端埋入深度一般不小于 0.6m，且在冻土层以下。接地线或接零线应尽量安装在人不易接触到的地方，以免意外损伤，但又必须是在明显处，便于检查维护。

2. 设备接地连接检查时的注意事项

① 电气设备的金属外壳和铠装电缆的接线盒，必须设有外接地连接件，并标有接地符号"⏚"。移动式电气设备，可不设外接地连接件，但必须采用具有接地芯线或等效接地芯线的电缆。

② 设备接线空腔内部须设有专用的内接地连接件，并标有接地符号"⏚"（在电机车上的电气设备及电压不高于 36V 的电气设备除外）。对不必接地（如双重绝缘或加强绝缘的电气设备）或不必附加接地的电气设备（如金属外壳上安装金属导管的系统），可不设内、外接地连接件。

③ 内、外接地连接件的直径须符合下列规定。

a. 当导电芯线截面不大于 35mm^2 时，应与接线螺栓直径相同。

b. 当导电芯线截面大于 35mm^2 时，应不小于连接导电芯线截面一半的螺栓直径，但至少等于连接 35mm^2 芯线的螺栓直径。

c. 外接线螺栓的规格，必须符合下列规定：

（a）功率大于 10kW 的设备，不小于 M12；

（b）功率大于 5kW～10kW 的设备，不小于 M10；

（c）功率大于 250W～5kW 的设备，不小于 M8；

（d）功率不大于 250W，且电流不大于 5A 的设备，不小于 M6。

本质安全型设备和仪器仪表类的外接地螺栓能压紧接地芯线即可。

④ 接地连接件必须进行电镀防锈处理，其结构能够防止导线松动、扭转，且有效保持接触压力。

⑤ 接地连接件应至少保证与一根导线可靠连接。

⑥ 在连接件中被连接部分含轻金属材料时，则必须采取特殊的预防措施（例如钢质过渡件）。

更多的检测要点可参考 GB 50169—2016《电气装置安装工程 接地装置施工及验收规范》。

项目5 认识高低压供配电

任务1 认识变压器

 职业鉴定能力

1. 具备维护电力变压器结构的能力。
2. 观察、分析电力变压器的日常运行状态,具有一定日常点检与维护能力。

 核心概念

变压器是一种静止的电气设备,它通过线圈间的电磁感应,将一种电压等级的交流电能转换成同频率的另一种电压等级的交流电能。机电设备的正常运行离不开电力的保障,如何确保企业尤其是冶金内部电能供应的安全,是机电设备点检人员的重要职责。电力变压器是变电所中最关键的一次设备,是输电线路的主要组成部分。

 任务目标

1. 掌握电力变压器的维护、调试与保养。
2. 掌握电力变压器常见故障诊断及排除方法。

 素质目标

1. 培养安全规范操作的职业素养。
2. 提升自主探究和小组合作的能力。
3. 逐步培养"质量第一,精益求精"的工匠精神和爱国情怀。

任务引入

电力变压器若要保持长期的良好工作性能，它的使用和维护尤其重要，正确地使用和维护电力变压器，是保证电力系统正常工作的条件。

点检任务：

① 电力变压器日常点检的具体点检内容。

② 电力变压器日常点检的点检方法。

知识链接

1. 电力变压器的结构

电力变压器的基本结构，包括铁芯和绕组两大部分。绕组又分为高压和低压或一次和二次绕组等。图 2-5-1 和图 2-5-2 是普通三相油浸式电力变压器和三相干式电力变压器的结构。

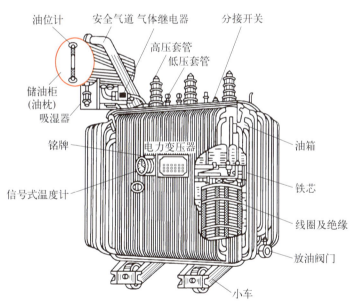

图 2-5-1　三相油浸式电力变压器的结构

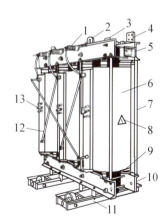

图 2-5-2　三相干式电力变压器的结构

1—高压出线套管和接线端子；2—吊环；3—上夹件；4—低压出线接线端子；5—铭牌；6—环氧树脂浇注绝缘绕组；7—上下夹件拉杆；8—警示标牌；9—铁芯；10—下夹件；11—小车；12—三相高压绕组间的连接导体；13—高压分接头连接片

　　油浸式变压器的特点：油箱作为变压器的外壳，起冷却、散热和保护的作用，油起到冷却和绝缘的作用；套管主要起绝缘的作用。

　　环氧树脂浇铸的三相干式变压器的特点：难燃、安全、不吸收空气中的潮气、结构牢固、体积小、重量轻、损耗小、运行噪声小、污染物不会进入线圈、维护检查简单等。

2. 变压器的型号

　　变压器的型号表示变压器的结构、额定容量、电压等级、冷却方式等内容，表示方法如图 2-5-3 所示。

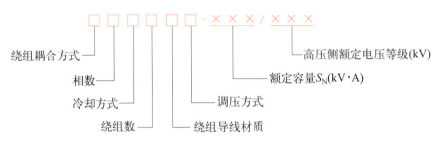

图 2-5-3　变压器的型号

　　如 OSFPSZ-250000/220 代表自耦三相强迫油循环风冷三绕组铜线有载调压，额定容量 250000kV·A，高压额定电压 220kV 的电力变压器。

3. 变压器的额定值

　　（1）额定容量 S_N

　　指铭牌规定的额定使用条件下所能输出的视在功率。用 S_N 表示，单位为 kV·A。

　　（2）额定电流 I_{1N} 和 I_{2N}

　　指在额定容量下，允许长期通过的额定电流。在三相变压器中指的是线电流，单位为 A。

　　（3）额定电压 U_{1N} 和 U_{2N}

　　指长期运行时所能承受的工作电压。U_{1N} 指加载一次侧的额定电压，U_{2N} 是指一次侧电压加 U_{1N} 时，二次侧的开路电压。对于三相变压器，指的是线电压。

　　额定容量、额定电流、额定电压三者关系表示为：

$$单相：S_N = U_{1N}I_{1N} = U_{2N}I_{2N}$$

$$三相：S_N = \sqrt{3}\,U_{1N}I_{1N} = \sqrt{3}\,U_{2N}I_{2N}$$

　　除以上常用额定值外，变压器额定值还有额定频率、效率、温升等。

 **任务实施**

1. 变压器日常维护内容

（1）干式变压器

① 清扫灰尘，清理线圈通风道的积尘。

② 紧固进出线、接地线及控制线，紧固所有连接紧固件。

③ 外观检查，压紧线圈压板固定件。

④ 测量变压器绝缘电阻。

⑤ 变压器冷却通风装置的维护。

⑥ 变压器电气预防性试验。

（2）油浸式变压器

① 外观检查局部消缺，清扫紧固。

② 变压器油品检查，滤油或补油。

③ 安全气道、防爆膜检查。

④ 气体继电器和测量装置检查校正。

⑤ 绝缘瓷套管检查清扫。

⑥ 调压分接开关检查调整。

⑦ 各阀门状态及位置检查。

⑧ 变压器冷却装置检查消缺。

⑨ 电气预防性试验。

（3）变压器绕组

对变压器绕组，应根据其色泽和老化程度来判断绝缘的好坏。根据经验，变压器绝缘老化的程度可分四级，见表 2-5-1。

表 2-5-1　变压器绝缘老化的分级

级别	绝缘状态	说明
1	绝缘性能良好，色泽新鲜均匀	绝缘良好
2	绝缘较差，但手按时无变形	尚可使用
3	绝缘发脆，手按时有轻微裂纹，但变形不太大，色泽较暗	绝缘不可靠，应酌情更换绕组
4	绝缘已碳化发脆，手按时即出现较大裂纹或脱落	不能继续使用，应更换

对分接开关，主要是检修其触头表面和接触压力情况。触头表面不应有烧结的疤痕。触头烧损严重时，应予拆换。触头的接触压力应平衡。如果分接开关的弹簧可调时，可适当调节触头压力。运行较久的变压器，触头表面有氧化膜和污垢。这种情况，轻者可将触头在各个位置上往返切换多次，使氧化膜和污垢自行清除；重者则可用汽油擦洗干净。有时绝缘油的分解物在触头上结成有光泽的薄膜，看似黄铜的光泽，其实是一种绝缘层，应该用丙酮擦洗干净。此外，应检查顶盖开关的标

识位置是否与其触头的实际接触位置一致，并检查触头在每一位置的接触是否良好。

对变压器上的所有接头都应检查是否紧固；如有松动，应予紧好。对焊接的接头，如有脱焊情况，应予补焊。瓷套管如有破损，应予更换。对变压器上的测量仪表、信号和保护装置，也应进行检查和修理。

变压器如有漏油现象，应查明原因。变压器漏油，一般有焊缝漏油和密封漏油两种。焊缝漏油的修补办法是补焊。密封漏油如系密封垫圈放得不正或压得不紧，则应放正或压紧；如系密封垫圈老化（发黏、开裂）和损坏，则必须更换密封材料。

DL/T 573—2021《电力变压器检修导则》对变压器的检修工艺和质量标准均有明文规定，应予遵循。

2. 运行中的电力变压器，应巡视以下项目

① 检查变压器的声响是否正常。变压器的正常声响应是均匀的嗡嗡声。如果其声响较正常时沉重，说明变压器过负荷。如果其声响尖锐，说明电源电压过高。

② 检查油温是否超过允许值。油浸式变压器的上层油温一般不应超过85℃，最高不超过95℃。油温过高，可能是变压器过负荷引起的，也可能是变压器内部故障引起的。

③ 检查储油柜及气体继电器的油位和油色，检查各密封处有无渗油和漏油现象。油面过高，可能是冷却装置运行不正常或变压器内部故障等所引起。油面过低，可能是有渗漏油现象。变压器油正常时应为透明略带浅黄色，如果油色变深变暗，则说明油质变坏。

④ 检查瓷套管是否清洁，有无破损裂纹和放电痕迹；检查高低压接头的螺栓是否紧固，有无接触不良和发热现象。

⑤ 检查防爆膜是否完好无损；检查吸湿器是否畅通，硅胶是否吸湿饱和。

⑥ 检查接地装置是否完好。

⑦ 检查冷却、通风装置是否正常。

⑧ 检查变压器周围有无其他影响其安全运行的异物（例如易燃易爆和腐蚀性物品等）和异常现象。在巡视中发现的异常情况，应记入专用的记录簿内，重要情况应及时汇报上级，请示处理。

3. 变压器的不正常运行和处理

（1）运行中的不正常现象和处理

① 值班人员在变压器运行中发现不正常现象时，应设法尽快消除，并报告上级和做好记录。

② 变压器有下列情况之一者应立即停运，若有备用变压器，应尽可能先将其投入运行：

a. 变压器声响明显增大，很不正常，内部有爆裂声；

b. 严重漏油或喷油，使油面下降到低于油位计的指示限度；

c. 套管有严重的破损和放电现象；

d. 变压器冒烟着火。

③ 当发生危及变压器安全的故障，而变压器的有关保护装置拒动时，值班人员应立即将变压器停运。

④ 当变压器附近的设备着火、爆炸或发生其他情况，对变压器构成严重威胁时，值班人员应立即将变压器停运。

⑤ 当变压器油温升高超过制造厂规定的限值时，值班人员应按以下步骤检查处理：

a. 检查变压器的负载和冷却介质的温度，并与在同一负载和冷却介质温度下正常的温度核对；

b. 核对温度测量装置；

c. 检查变压器冷却装置或变压器室的通风情况。

若温度升高的原因是冷却系统的故障，且在运行中无法修理者，应将变压器停运修理；若不能立即停运修理，则值班人员应按现场规程的规定调整变压器的负载至允许运行温度下的相应容量。

在正常负载和冷却条件下，变压器温度不正常并不断上升，且经检查证明温度指示正确，则认为变压器已发生内部故障，应立即将变压器停运。

变压器在各种超额定电流方式下运行，若顶层油温超过 105℃时，应立即降低负载。

⑥ 当变压器中的油因低温凝滞时，应不投冷却器空载运行，同时监视顶层油温，逐步增加负载，直至投入相应数量冷却器，转入正常运行。

⑦ 当发现变压器的油面较当时油温所应有的油位显著降低时，应查明原因。补油时应遵守本规程的规定，禁止从变压器下部补油。

⑧ 变压器油位因温度上升有可能高出油位指示极限，经查明不是假油位所致时，则应放油，使油位降至与当时油温相对应的高度，以免溢油。

⑨ 铁芯多点接地而接地电流较大时，应安排检修处理。在缺陷消除前，可采取措施将电流限制在 100mA 左右，并加强监视。

⑩ 系统发生单相接地时，应监视消弧线圈和接有消弧线圈的变压器的运行情况。

（2）瓦斯保护装置动作的处理

① 瓦斯保护信号动作时，应立即对变压器进行检查，查明动作的原因，是否因积聚空气、油位降低、二次回路故障或是变压器内部故障造成的。如气体继电器内有气体，则应记录气量，观察气体的颜色及试验是否可燃，并取气样及油样做色谱分析，可根据有关规程和导则判断变压器的故障性质。若气体继电器内的气体为无色、无臭且不可燃，色谱分析判断为空气，则变压器可继续运行，并及时消除进气

缺陷。

若气体是可燃的或油中溶解气体分析结果异常，应综合判断确定变压器是否需要停运。

② 瓦斯保护动作跳闸时，在查明原因消除故障前不得将变压器投入运行。为查明原因应重点考虑以下因素，做出综合判断：

a. 是否呼吸不畅或排气未尽；

b. 保护及直流等二次回路是否正常；

c. 变压器外观有无明显反映故障性质的异常现象；

d. 气体继电器中积集气体量，是否可燃；

e. 气体继电器中的气体和油中溶解气体的色谱分析结果；

f. 必要的电气试验结果；

g. 变压器其他继电保护装置动作情况。

（3）变压器跳闸和灭火

① 变压器跳闸后，应立即查明原因。如综合判断证明变压器跳闸不是由内部故障所引起的，可重新投入运行。若变压器有内部故障的征象时，应做进一步检查。

② 变压器跳闸后，应立即停油泵。

③ 变压器着火时，应立即断开电源，停运冷却器，并迅速采取灭火措施，防止火势蔓延。

任务2　电力电缆维护

 职业鉴定能力

1. 具备输电线路状态监测、分析能力。
2. 具有一定故障检测与维护能力。

 核心概念

电力电缆被称为国民经济的"动脉"与"神经"，是输送电能、传递信息和制造各种电机、仪器、仪表，实现电磁能量转换所不可缺少的基础性器材，是未来电气化、信息化社会中必要的基础产品。电力线路作为电网输电环节极为重要的组成部分，担负着输送和分配电能的重要任务，因此输电线路状态直接关系着电网的安全运行。

📘 任务目标

1. 会对电力电缆进行维护、调试与保养。
2. 能掌握电力电缆常见故障诊断及排除方法。

📋 素质目标

1. 培养安全规范操作的职业素养。
2. 提升自主探究和小组合作的能力。
3. 逐步培养"质量第一，精益求精"的工匠精神和爱国情怀。

📖 任务引入

电力电缆线路若要保持长期的良好工作性能，它的使用和维护尤其重要，正确地使用和维护电力电缆线路，是保证电力系统正常工作的条件。

点检任务：

① 架空线路运行维护。

② 电缆线路运行维护。

🌐 知识链接

能长期、安全、可靠地传输大容量电能的绝缘电源称为"电力电缆"。电力电缆是导体外包有优质绝缘材料，并有各种保护层的电缆。它的主要功能是在电力系统中传输和分配大容量的电能。

1. 电力电缆基础知识

（1）电缆技术特性

能长期承受较高乃至极高的工作电压，具有非常优良的电绝缘性能；能传输很大的电流（几百安乃至几千安），因此会采用截面积为几百乃至几千平方毫米的导电线芯；电力电缆采用多种组合的保护层结构，能适应各种敷设方式和使用环境（地下、水中、沟管、隧道、竖井）。

（2）电力电缆分类

电力电缆均使用于电力系统中，通常按不同绝缘材料或结构分类。按缆芯材料分为铜芯和铝芯两大类。按其采用的绝缘介质分油浸纸绝缘和塑料绝缘两大类。

（3）电力电缆的结构

电缆的基本结构包括导电芯、绝缘层、铅包（或铝包）和保护层几个部分，如图 2-5-4 所示。

（4）电力电缆的型号及含义

电力电缆的完整命名通常较为复杂，人们有时用一个简单的名称（通常是一个类别的名称结合型号规格）来代替完整的名称。产品名称中包括的内容：产品应用场合或大小类名称、产品结构材料或形式、产品的重要特征或附加特征。在不会引起混淆的情况下，有些结构描述省写或简写。型号的含义见表 2-5-2。

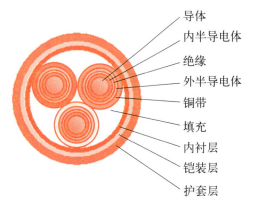

导体
内半导电体
绝缘
外半导电体
铜带
填充
内衬层
铠装层
护套层

图 2-5-4　电力电缆的结构

表 2-5-2　电力电缆型号的含义

特性	绝缘种类	导体	内护层	特征	外护层	
					十位	个位
ZR 阻燃 TZR 特种阻燃 NH 耐火 DL 低卤 WL 无卤	Z 纸 X 橡胶 V 聚氯乙烯 Y 聚乙烯 YJ 交联聚乙烯	L 铝 T 铜芯不标注	V 聚氯乙烯内护套 Y 聚乙烯内护套 H 普通橡套 F 氯丁橡套 L 铝包 Q 铅包	D 不滴流 F 分相护套 P 屏蔽 Z 直流 CY 充油	0 无铠 2 钢带铠装 3 细钢丝铠装 4 粗钢丝铠装	0 无外被套 1 纤维外被套 2 聚氯乙烯外护套 3 聚乙烯外护套

2. 架空线路

架空线路具有成本低、投资少、安装容易、维护和检修方便、易于发现和排除故障等优点，因此架空线路过去在工厂中应用比较普遍。但是架空线路直接受大气影响，易受雷击、冰雪、风暴和污秽空气的危害，且要占用一定的地面和空间，有碍交通和观瞻，因此现代化工厂有逐渐减少架空线路、改用电缆线路的趋向。

架空线路由导线、电杆、绝缘子和线路金具等主要元件组成，结构如图 2-5-5 所示。为了防雷，有的架空线路上还装设有接闪线（又称避雷线或架空地线）。为了加强电杆的稳固性，有的电杆还安装有拉线或扳桩。

敷设架空线路，要严格遵守有关技术规程的规定。整个施工过程中，要重视安全教育，采取有效的安全措施，特别是立杆、组装和架线时，更要注意人身安全，防止发生事故。竣工以后，要按照规定的手续和要求进行检查和验收，确保工程质量。

3. 电缆线路

电缆线路由电力电缆和电缆头组成。电力电缆同架空线路一样，主要用于传输和分配电能。电缆线路与架空线路相比，虽然成本高、投资大、维修不便，但是电缆线路具有运行可靠、不受外界影响、不需架设电杆、不占地面、不碍观瞻等优点，特别是在有腐蚀性气体和易燃易爆场所、不宜架设架空线路时，只能敷设电缆线路。在现代化工厂和城市中，电缆线路得到了越来越广泛的应用。电缆的敷设方式有以下几种。

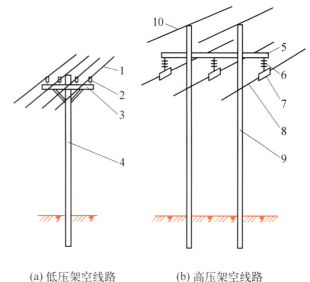

(a) 低压架空线路　　　(b) 高压架空线路

图 2-5-5　架空线路的结构

1—低压导线；2—针式绝缘子；3, 5—横担；4—低压电杆；
6—绝缘子串；7—线夹；8—高压导线；
9—高压电杆；10—避雷线

（1）埋地敷设

将电缆直接埋设在地下的敷设方法称为埋地敷设。埋地敷设的电缆必须使用铠装及防腐层保护的电缆，裸装电缆不允许埋地敷设。一般电缆沟深度不超过 0.9m，埋地敷设还需要铺砂及在上面盖砖或保护板。

（2）电缆沿支架敷设

电缆沿支架敷设一般在车间、厂房和电缆沟内，在安装的支架上用卡子将电缆固定。电力电缆支架之间的水平距离为 1m，控制电缆为 0.8m。电力电缆和控制电缆一般可以同沟敷设，电缆垂直敷设一般为卡设，电力电缆卡距为 1.5m，控制电缆为 1.8m。

（3）电缆穿保护管敷设

将保护管预先敷设好，再将电缆穿入管内，管道内径不应小于电缆外径的 1.5 倍。一般用钢管作为保护管。单芯电缆不允许穿钢管敷设。

（4）电缆桥架上敷设

电缆桥架是架设电缆的一种构架，通过电缆桥架把电缆从配电室或控制室送至用电设备。电缆桥架的优点是制作工厂化、系列化，质量容易控制，安装方便，安装后的电缆桥架及支架整齐美观。

 任务实施

1. 架空线路运行维护

（1）架空线路巡检

线路巡视是为了经常掌握线路的运行状况，及时发现设备缺陷和隐患，为线路检修提供内容，以保证线路正常、可靠、安全运行。线路巡视检查的方法有下列几

种：定期巡视、特殊巡视、夜间巡视、故障巡视、登杆塔巡视。

（2）架空线路检修

架空线路长期露天运行，受环境和气候影响会发生断线、污染等故障。为确保线路长期安全运行，必须坚持经常性的巡视和检查，以便及时消除设备隐患。主要包括以下部分：电杆、导线、绝缘子。

① 电杆。电杆的检修主要是加固电杆基础，扶直倾斜的电杆，修补有裂纹、露钢筋的水泥杆，处理接触不良的接头和松弛、脱落的绑线，紧固电杆各部分的连接螺母，更换或加固腐朽的木杆及横担。

② 导线。检修导线主要是调整导线的弧垂，修补或更换损伤的导线，调整交叉跨越距离。

③ 绝缘子。绝缘子要定期清扫，并及时更换破损的、有放电痕迹的、劣质或损坏的绝缘子、金具或横担。

2. 电缆线路运行维护

（1）电缆正常运行的注意事项

① 塑料电缆不允许浸水。因为塑料电缆一旦被水浸泡后，容易发生绝缘老化现象。

② 要经常测量电缆的负荷电流，防止电缆过负荷运行。

③ 防止电缆受外力损坏。

④ 防止电缆头套管出现污损。

（2）电缆的防火措施及其注意事项

① 电缆应该远离爆炸性气体释放源，而且电缆不得平行敷设于热力管道上部。

② 易燃气体密度比空气大时，电缆应在较高处架空敷设，且对非铠装电缆采取穿管或置于托盘、槽盒内等机械性保护。

③ 易燃气体比空气轻时，电缆应敷设在较低处的管、沟内，沟内非铠装电缆应埋沙。

④ 电缆沿输送易燃气体的管道敷设时，应配置在危险程度较低的管道一侧，且应符合下列规定：

a. 易燃气体密度比空气大时，电缆宜在管道上方。

b. 易燃气体密度比空气小时，电缆宜在管道下方。

⑤ 电缆沟的结构应考虑到防火和防水。电缆沟从厂区进入厂房处应设置防火隔板。为了顺畅排水，电缆沟的纵向排水坡度不得小于0.5%，而且不能排向厂房内侧。

⑥直埋敷设于非冻土地区的电缆，其外皮至地下构筑物基础的距离不得小于0.3m；至地面的距离不得小于0.7m；当位于车行道或耕地的下方时，应适当加深，且不得小于1m。电缆直埋于冻土地区时，宜埋入冻土层以下。直埋敷设的电缆，严

禁位于地下管道的正上方或下方。在有化学腐蚀性的土壤中，电缆不宜直埋敷设。电缆的金属外皮、金属电缆头及保护钢管和金属支架等，均应可靠接地。

任务 3　认识低压开关柜

 ## 职业鉴定能力

1. 正确观察、分析低压一次设备运行状态。
2. 具备一定进行日常点检与维护低压开关柜的能力。

 ## 核心概念

低压开关柜是一种电气设备，开关柜外线先进入柜内主控开关，然后进入分控开关，各分路按其需要设置。低压一次设备是指供电系统中电压等级为 1000V 及以下的电气设备，供电系统中常用的低压一次设备有低压熔断器、低压刀开关、低压断路器等。

任务目标

1. 会对低压一次设备进行维护、调试与保养。
2. 能掌握低压一次设备常见故障诊断及排除方法。

素质目标

1. 培养安全规范操作的职业素养。
2. 提升自主探究和小组合作的能力。
3. 逐步培养"质量第一，精益求精"的工匠精神和爱国情怀。

任务引入

作为电气工作人员，应能对一次设备进行操作、维护与编写点检标准。
点检任务：低压开关柜的日常点检内容。

 知识链接

　　低压开关柜是由一个或多个低压开关电器和相应的控制、保护、测量、信号、调节装置，以及所有内部的电气、机械的相互连接和结构部件组成的成套配电装置。广泛用于发电厂、变电所、工矿企业以及各类电力用户的低压配电系统中，作为动力、照明、配电和电动机控制中心、无功补偿等的电能转换、分配、控制、保护和监测之用。主要应用于1000V以下的室内成套配电装置。

任务实施

　　低压开关柜的日常点检如下。

1. 设备运行状态

　　① 观察低压开关柜的指示灯、显示屏等是否显示正常，以判断设备是否处于正常工作状态。

　　② 监听设备运行过程中是否有异常声响，如嗡嗡声、吱吱声等，这些声音可能指示设备内部存在松动、接触不良或电气元件老化等问题。

　　③ 检查开关柜的通风口是否畅通，以确保设备散热良好，防止因过热而致性能下降或损坏。

2. 电气接线检查

　　① 检查所有电气接线是否紧固、无松动，特别是主回路和控制回路的接线端子。

　　② 观察电气接线是否有破损、老化或裸露现象，防止因接触不良或短路引发故障。

3. 电气元件温度

　　① 使用红外测温仪对开关柜内的主要电气元件进行温度检测，如断路器、接触器、热继电器等。

　　② 比较检测到的温度值与正常工作温度范围，若超出范围，则应及时采取措施进行降温或维修。

4. 油位及开关机构

　　① 对于使用油浸式断路器的开关柜，应定期检查油位是否在规定范围内，若油位过低，应及时补充。

　　② 检查开关机构的动作是否灵活可靠，有无卡涩或迟缓现象。

5. 指示灯工作状态

　　① 检查所有指示灯是否能正常亮起，以判断设备的工作状态和控制逻辑是否

正确。

② 对于故障指示灯，一旦亮起，应立即查找原因并进行处理。

6. 柜体清洁与湿度

① 保持开关柜内外清洁，定期清除灰尘和杂物，以防止因积尘导致的电气故障。

② 检查柜体内的湿度是否在允许范围内，若湿度过高，应采取措施进行除湿处理。

7. 连接点紧固情况

① 定期检查开关柜内各连接点的紧固情况，包括螺栓、螺母等紧固件。

② 若发现紧固件松动或缺失，应及时进行紧固或更换。

8. 端子焊接与腐蚀

① 检查开关柜内各端子的焊接情况，确保焊接牢固、无虚焊现象。

② 观察端子是否有腐蚀现象，若有腐蚀，应及时清理并更换受损端子。

在进行低压开关柜的日常点检时，应严格按照上述内容进行检查，并记录检查结果。对于发现的问题和异常情况，应及时进行处理并记录处理过程。定期的点检和维护可以确保低压开关柜的安全、稳定运行，延长设备的使用寿命。

任务 4　检修防雷与保护设施

职业鉴定能力

熟悉了解各类防雷与保护的相关设施。

核心概念

防雷保护装置是由避雷线、避雷针、保护间隙、各种避雷器、防雷接地、电抗线圈、电容器组、消弧线圈、自动重合闸等组成的装置。主要是为了防止雷电这种常见的大气急剧放电现象对建筑、设备、设施的影响。

任务目标

1. 掌握过电压的相关概念。

2. 熟悉常用的防雷保护措施。

3. 熟悉防雷保护装置的维护方法。

素质目标

1. 培养安全规范操作的职业素养。

2. 提升自主探究和小组合作的能力。

3. 逐步培养"质量第一，精益求精"的工匠精神和爱国情怀。

任务引入

雷电放电作为一种强大的自然力的爆发是难以制止的，产生的雷电过电压高达数百至数千伏，如不采取防护措施，将引起电力系统故障，造成大面积停电，因此对雷电波侵入的防护应足够重视。目前人们主要是设法去躲避和限制雷电的破坏性，基本措施就是加装防雷保护装置。

点检任务：

① 防雷装置的检查。

② 防雷接地电阻的摇测。

③ 巡视项目及内容。

④ 设备停运的检查、维护。

⑤ 避雷器的点检标准。

知识链接

1. 过电压的形式

过电压是指在电气线路上或电气设备上出现的超过正常工作电压的对绝缘很有危害的异常电压。雷电过电压的两种基本形式如下。

① 直接雷击。它是雷电直接对电气设备或输电线路放电，从而产生破坏性极大的热效应和机械效应。这种雷电过电压称为直击雷过电压。

② 间接雷击。它是雷电没有直接击中电力系统中的任何部分，而是由雷电对线路、设备或其他物体的静电感应或电磁感应所产生的过电压。这种雷电过电压也称为感应雷过电压。

雷电过电压除上述两种雷击形式外，还有一种是由架空线路或金属管道遭受直接雷击或间接雷击而引起的过电压波，沿着架空线路或金属管道侵入变配电所或其他建筑物。这种雷电过电压形式，称为高电位侵入或雷电波侵入。

2. 防雷设备

（1）接闪器

接闪器就是专门用来接受直接雷击（雷闪）的金属物体。接闪器有多种类型，有避雷针、避雷线、避雷带和避雷网。

① 避雷针（接闪杆）。避雷针的功能实质上是引雷，由原来可能向被保护物体发展的方向，吸引到避雷针本身，然后经与避雷针相连的接地引下线和接地装置，将雷电流泄放到大地中去，使被保护物体免受雷击。

② 避雷线（接闪线）。避雷线的功能和原理与避雷针基本相同。

③ 避雷带（接闪带）和避雷网（接闪网）。避雷带和避雷网主要用来保护建筑物特别是高层建筑物，使之免遭直接雷击和雷电感应。

（2）避雷器

避雷器包括电涌保护器，用来防止雷电过电压波沿线路侵入变配电所或其他建筑物内，以免其危及被保护设备的绝缘，或用来防止雷电电磁脉冲对电子信息系统的电磁干扰。

避雷器应与被保护设备并联，且安装在被保护设备的电源侧，如图 2-5-6 所示。当线路上出现危及设备绝缘的雷电过电压时，避雷器的火花间隙就被击穿，或由高阻抗变为低阻抗，使雷电过电压通过接地引下线对大地放电，从而保护了设备的绝缘，或消除了雷电电磁干扰。

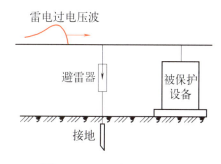

图 2-5-6　避雷器的连接

避雷器的类型，有阀式避雷器、排气式避雷器、保护间隙、金属氧化物避雷器和电涌保护器等。

① 阀式避雷器。阀式避雷器的文字符号为 FV，又称为阀型避雷器，主要由火花间隙和阀片组成，装在密封的瓷套管内。火花间隙用铜片冲制而成。正常情况下，火花间隙能阻断工频电流通过，但在雷电过电压作用下，火花间隙被击穿放电。阀片是用陶料粘固的电工用金刚砂（碳化硅）颗粒制成的。

② 排气式避雷器。排气式避雷器又称管型避雷器，由产气管、内部间隙和外部间隙三部分组成。排气式避雷器具有简单经济、残压很小的优点，但它动作时有电弧和气体从管中喷出，因此它只能用于室外架空场所，主要用在架空线路上。

③ 保护间隙。保护间隙又称角型避雷器。它简单经济，维护方便，但维护性能较差，灭弧能力小，容易造成接地或短路故障，使线路停电。

④ 金属氧化物避雷器。金属氧化物避雷器按有无火花间隙分两种类型，最常见

的一种是无火花间隙只有压敏电阻片的避雷器。另一种是有火花间隙且有金属氧化物电阻片的避雷器，它是普通阀式避雷器的更新换代产品。金属氧化物避雷器具有无间隙、无续流、体积小和质量轻等优点。

⑤ 电涌保护器。电涌保护器又称为浪涌保护器，是用于低压配电系统中电子信号设备上的一种雷电电磁脉冲（浪涌电压）保护设备。

3. 电气装置的防雷

（1）架空线路的防雷措施

① 架设避雷线。这是防雷的有效措施，但造价高，因此只在 66kV 及以上的架空线路上才全线架设。35kV 的架空线路上，一般只在进出变配电所的一段线路上装设。而 10kV 及以下的架空线路上一般不装设。

② 提高线路本身的绝缘水平。在架空线路上，可采用木横担、瓷横担或高一级电压的绝缘子，以提高线路的防雷水平。这是 10kV 及以下架空线路防雷的基本措施之一。

③ 装设避雷器或保护间隙。对于架空线路中个别绝缘薄弱地点（如跨越杆、分支杆或木杆线路中个别金属杆等处）可以装设避雷器或保护间隙防雷。对于中性点不接地系统的 3 ～ 10kV 架空线路，可在其三角形排列的顶线绝缘子上装设保护间隙。

（2）变配电所的防雷措施

① 装设避雷针。室外配电装置应装设避雷针来防护直击雷。如果变配电所处在附近更高的建筑物上防雷设施的保护范围之内或变配电所本身为车间内形式，则可不必再考虑直击雷的防护。

② 装设避雷线。处于峡谷地区的变配电所，可利用避雷线来防护直击雷。在 35kV 及以上的变配电所架空进线上，架设 1 ～ 2km 的避雷线，以消除一段进线上的雷击闪络，避免其引起的雷电波侵入对变配电所电气装置的危害。

③ 装设避雷器。用来防止雷电波侵入对变配电所电气装置特别是对主变压器的危害。在每路进线终端和每段母线上，均装设阀式避雷器。如果进线是具有一段引入电缆的架空线路，则在架空线路终端的电缆头处装设阀式避雷器或排气式避雷器，其接地端与电缆头相连后接地。

为了有效地保护主变压器，阀式避雷器应尽量靠近主变压器安装。阀式避雷器至 3 ～ 10kV 主变压器的最大电气距离见表 2-5-3。

表 2-5-3　阀式避雷器至 3 ～ 10kV 主变压器的最大电气距离

雷雨季节经常运行的进线线路数	1	2	3	≥ 4
阀式避雷器至主变压器的最大电气距离 /m	15	23	27	30

（3）高压电动机的防雷措施

高压电动机的定子绕组是采用固体介质绝缘的，其冲击耐压试验值大约只有相同电压等级的油浸式电力变压器的 1/3，加之长期运行，固体介质还要受潮、腐蚀和老化，会进一步降低其耐压水平。因此高压电动机对雷电波侵入的防护，不能采用普通的 FS 型或 FZ 型阀式避雷器，而应采用专用于保护旋转电机的 FCD 型磁吹阀式避雷器，或采用有串联间隙的金属氧化物避雷器。对于定子绕组中性点能引出的高压电动机，可在中性点装设磁吹阀式避雷器或金属氧化物避雷器。为降低沿线路侵入的雷电波波头陡度，减轻其对电动机绕组绝缘的危害，可在电动机进线上加一段 100 ～ 150m 的引入电缆，并在电缆前的电缆头处安装一组普通阀式或排气式避雷器，而在电动机电源端（母线上）安装一组并联有电容器的 FCD 型磁吹阀式避雷器。

✱ 任务实施

防雷与保护设施日常点检如下。

1. 接闪器完好性检查

① 检查接闪器（避雷针、避雷带等）的表面是否有锈蚀、断裂或变形等损坏现象。

② 确认接闪器与屋顶结构体的连接处是否紧固，无松动。

③ 使用工具测试接闪器的导电性能，确保其电阻值符合规范要求。

2. 防雷接地电阻的摇测

① 首先检查所有接线正确无误，仪表的连线和地极 E、电流表 C 连接牢固。

② 把仪表放在水平位置后，将检流计的机械零位调整到零。

③ 把倍率开关放到最大的位置，再加快摇柄的速度，让它达到 150r/min。如果检流计的指针对着某一个方向偏转，旋动刻度盘的指针会恢复到零点，那么这个时候刻度盘上面的数值乘倍率挡就是电阻值了。

④ 如果刻度盘的数值小于 1，检流器还没有取得平衡，可以把倍率的开关调到小一挡的位置，一直到调节平衡为止。

3. 引下线连接情况

① 检查引下线（雷引下线）是否完整，无断裂、破损现象。

② 验证引下线与接闪器、接地装置的连接是否牢固，无松动或脱落。

③ 检查引下线周围是否有其他金属物体或线路与其接触，避免形成电气短路。

4. 接地装置稳固性

① 检查接地装置（接地极、接地网等）是否完好，无锈蚀、断裂或变形。

② 验证接地装置与土壤接触是否紧密，接地电阻是否符合设计要求。

③ 检查接地装置附近是否有积水或异物，影响其导电性能。

5. 等电位连接状态

① 验证各等电位连接端子、等电位连接带是否完好，连接是否牢固。

② 检查等电位连接系统是否与其他金属管道、线路等进行了有效连接。

③ 使用工具测试等电位连接系统的电阻值，确保其符合要求。

6. 设施外观与损伤

① 检查防雷设施的外观是否整洁，无污垢或锈蚀。

② 对设施的各部件进行详细检查，确认是否存在明显的物理损伤或破损。

③ 记录设施的外观状态，对于发现的损伤或异常情况进行及时处理。

7. 周围环境安全性

① 检查防雷设施周围是否有高大树木等可能影响防雷效果的物体。

② 确认周围环境中无易燃、易爆等危险物品，确保防雷设施的安全运行。

③ 检查防雷设施周围是否有其他电气线路或设施，避免发生电磁干扰或存在安全隐患。

8. 记录与标识核对

① 核对防雷设施的记录包括点检记录、维修记录等，确保其完整、准确。

② 检查设施上的标识是否清晰、完整，包括警示标识、安全标识等。

③ 对于缺失模糊的标识，及时进行补充或更换。

9. 应急措施准备情况

① 检查应急措施是否完善，包括应急预案、应急工具和设备等。

② 确认相关人员是否熟悉应急措施和操作流程，具备应对突发情况的能力。

③ 定期组织应急演练，提高应对雷电灾害的应急响应能力。

项目6 认识电力传动系统

任务 1　电机控制与点检

 职业鉴定能力

对电机进行常规点检与维护。

 核心概念

电机控制即控制电机转速达到生产需要，有变压调速和变频调速等。

 任务目标

1. 会对电机控制系统进行维护、调试与保养。
2. 能掌握电机控制系统常见故障诊断及排除方法。

素质目标

1. 培养安全规范操作的职业素养。
2. 培养自主探究和团队协作的能力。
3. 逐步培养"质量第一，精益求精"的工匠精神和爱国情怀。

📖 任务引入

电机及相关设备若要保持长期的良好工作性能，它的使用和维护尤其重要，正确地使用和维护电机控制系统，是保证设备正常工作的条件。

无缝钢管定径前台横移链电机，型号：YZP280S1-6，功率：55kW，额定电压：380V，额定转速：985r/min。其点检任务是什么？

🔆 知识链接

电动机启动是指由静止状态到正常运行状态的过程。启动过程中主要考虑的问题是，启动电流不可太大，转矩符合负载的要求，能耗尽量小，设备尽量少且成本低，操作维护简单等。笼形异步电动机的启动方法分为全压直接启动、降压启动以及利用变频器启动。其中降压启动又分为定子串电阻或电抗器、星 - 三角、延边三角形、自耦变压器、软启动器启动。绕线式异步电动机的启动方法有转子串分级电阻启动，转子串频敏变阻器启动等。

调速是指在负载一定的情况下，通过改变电动机参数达到改变速度的目的。异步电动机的调速方法有：变极调速（多速电机）、变频调速（变频器）和转子串电阻调速（绕线电动机）。

1. 点巡检要求

按要求逐项检查，点检记录本的填写要真实、认真、仔细，切实反映电机的运行情况，为设备的检修和维护工作提供可靠的依据。

（1）点巡检查

① 防护罩是否完整、安全、可靠。

② 通风散热是否良好。

③ 检查电机温度、声音、振动，检查磨机滑环是否冒火或变色，电机接线盒是否松动，电缆保护管是否牢固，线路与机架有无摩擦，电机、线路有无异物压卡或滴到酸碱、雨水、油等。设备正常运转时，滚动轴承温度不超过85℃，电机温度不超过95℃。

④ 检查电机轴承是否有异常响声、发热、漏油。

⑤ 检查电流、电压指示值是否稳定和正常，检查指示灯是否正常，检查无功补偿效果。

⑥ 设备正常运行时，检查电缆线头、接触器、空开出线头是否发热或变色。

⑦ 检查电机外表面是否有裂纹。

⑧ 电机附件运行是否良好、安全。

⑨ 地脚螺栓是否紧固。

⑩ 电机接地装置是否完整、可靠；电机上或周围有无影响电机安全运行的异物、不利因素等存在。

（2）巡检方法

① 用手感觉电缆、电机外壳的温度，首先用右手指甲，然后用手背。

② 看电测仪表指示值判断运行参数，看记录检查运行情况，看接头处的颜色判断温度。

③ 用木柄工具听电机及轴承的运行声音，用手感觉电机的振动。

④ 用红外测温仪测量电缆头、开关接触头、变压器线头、母线等带电部位的运行温度。

⑤ 听取前班运行人员的介绍和当班操作工的反映。

⑥ 每季组织一次夜晚线路巡检，可以发现线路接头是否存在松动现象。

2. 电动机电气常见故障的分析和处理

（1）电机接通后，电动机不能启动，但有"嗡嗡"声

可能原因：

① 被拖动机械卡住；

② 绕线式电动机转子回路开路成断线；

③ 电源没有全部接通成单相启动；

④ 电动机过载；

⑤ 定子内部首端位置接错，或有断线、短路。

处理方法：①检查电源线、电动机引出线、熔断器、开关的各对触点，找出断路位置，予以排除；②卸载后空载或半载启动；③检查被拖动机械，排除故障；④检查电刷、滑环和启动电阻各个接触器的接合情况；⑤重新判定三相的首尾端，并检查三相绕组是否有断线和短路。

（2）电动机启动困难，加额定负载后，转速较低

可能原因：

① 电源电压较低；

② 原为角接误接成星接；

③ 笼形转子的笼条端脱焊、松动或断裂。

处理方法：①提高电压；②检查铭牌接线方法，改正定子绕组接线方式；③检查后对症处理。

（3）电动机启动后发热超过温升标准或冒烟

可能原因：

① 电源电压过低，造成电动机在额定负载下温升过高；

② 电动机通风不良或环境湿度过高；

③ 电动机过载或单相运行；

④电动机启动频繁或正反转次数过多；

⑤定子和转子相擦。

处理方法：①测量空载和负载电压；②检查电动机风扇及清理通风道，加强通风，降低环境温度；③用钳形电流表检查各相电流后，对症处理；④减少电动机正反转次数，或更换适应于频繁启动及正反转的电动机；⑤检查后对症处理。

（4）绝缘电阻低

可能原因：

①绕组受潮或淋水滴入电动机内部；

②绕组上有粉尘、油污；

③定子绕组绝缘老化。

处理方法：①将定子、转子绕组加热烘干处理；②用汽油擦洗绕组端部并烘干；③检查并恢复引出线绝缘或更换接线盒绝缘线板。

（5）电动机外壳带电

可能原因：

①电动机引出线的绝缘或接线盒绝缘线板老化；

②绕组端部接触电动机机壳；

③电动机外壳没有可靠接地。

处理方法：①恢复电动机引出线的绝缘或更换接线盒绝缘板；②如卸下端盖后接地现象即消失，可在绕组端部加绝缘后再装端盖；③按接地要求将电动机外壳进行可靠接地。

（6）电动机运行时声音不正常

可能原因：

①定子绕组连接错误，局部短路或接地，造成三相电流不平衡而引起噪声；

②轴承内部有异物或严重缺润滑油。

处理方法：①分别检查，对症下药；②清洗轴承后更换新润滑油为轴承室的1/3 ~ 1/2。

（7）电动机振动

可能原因：

①电动机安装基础不平；

②电动机转子不平衡；

③带轮或联轴器不平衡；

④转轴轴头弯曲或带轮偏心；

⑤电动机风扇不平衡。

处理方法：①将电动机底座垫平，找水平后固牢；②转子校静平衡或动平衡；③进行带轮或联轴器校平衡；④校直转轴，将带轮找正后镶套重车；⑤对风扇进行校正。

3. 电动机常见故障的分析和处理

（1）定、转子铁芯故障检修

定、转子都是由相互绝缘的硅钢片叠成的，是电动机的磁路部分。定、转子铁芯的损坏和变形主要由以下几个方面造成。

① 轴承过度磨损或装配不良，造成定、转子相擦，使铁芯表面损伤，进而造成硅钢片间短路，电动机铁损增加，使电动机温升过高。这时应用细锉等工具去除毛刺，消除硅钢片短接，清除干净后涂上绝缘漆，并加热烘干。

② 拆除旧绕组时用力过大，使倒槽歪斜向外张开。此时应用小嘴钳、木榔头等工具予以修整，使齿槽复位，并在不好复位的有缝隙的硅钢片间加入青壳纸、胶木板等硬质绝缘材料。

③ 因受潮等原因造成铁芯表面锈蚀，此时需用砂纸打磨干净，清理后涂上绝缘漆。

④ 因绕组接地产生高热烧毁铁芯或齿部。可用凿子或刮刀等工具将熔积物剔除干净，涂上绝缘漆并烘干。

⑤ 铁芯与机座间结合松动，可拧紧原有定位螺钉。若定位螺钉失效，可在机座上重钻定位孔并攻螺纹，旋紧定位螺钉。

（2）轴承故障检修

转轴通过轴承支撑转动，是负载最重的部分，又是容易磨损的部件。

① 故障检查。

运行中检查：滚动轴承缺油时，会听到咕噜咕噜的声音；若听到不连续的梗梗声，可能是轴承钢圈破裂。轴承内混有砂土等杂物或轴承零件有轻度磨损时，会产生轻微的杂音。

拆卸后检查：先察看轴承滚动体、内外钢圈是否有破损、锈蚀、疤痕等，然后用手捏住轴承内圈，并使轴承摆平，另一只手用力推外钢圈，如果轴承良好，外钢圈应转动平稳，转动中无振动和明显的卡滞现象，停转后外钢圈没有倒退现象，否则说明轴承已不能再用了。左手卡住外圈，右手捏住内钢圈，用力向各个方向推动，如果推动时感到很松，就是磨损严重。

② 故障修理。轴承外表面上的锈斑可用 00 号砂纸擦除，然后放入汽油中清洗；当轴承有裂纹、内外圈碎裂或轴承过度磨损时，应更换新轴承。更换新轴承时，要选用与原来型号相同的轴承。

（3）转轴故障检修

① 轴弯曲。若弯曲不大，可通过磨光轴径、滑环的方法进行修复；若弯曲超过0.2mm，可将轴放于压力机下，在弯曲处加压矫正，矫正后的轴表面用车床切削磨光；如弯曲过大则需另换新轴。

② 轴颈磨损。轴颈磨损不大时，可在轴颈上镀一层铬，再磨削至需要尺寸；磨损较多时，可在轴颈上进行堆焊，再到车床上切削磨光；如果轴颈磨损过大，也在

轴颈上车削 2 ~ 3mm，再车一套筒趁热套在轴颈上，然后车削到所需尺寸。

③ 轴裂纹或断裂。轴的横向裂纹深度不超过轴直径的 10% ~ 15%，纵向裂纹不超过轴长的 10% 时，可用堆焊法补救，然后再精车至所需尺寸。若轴的裂纹较严重，就需要更换新轴。

（4）机壳和端盖的检修

机壳和端盖若有裂纹应进行堆焊修复，若遇到轴承镗孔间隙过大，造成轴承端盖配合过松，一般可用冲子将轴承孔壁均匀打出毛刺，然后再将轴承打入端盖。对于功率较大的电动机，也可采用镶补或电镀的方法最后加工出轴承所需要的尺寸。

（5）电机装配和拆装的检修

电机绕组接错故障检修方法如下。

① 滚珠法。如滚珠沿定子内圆周表面旋转滚动，说明正确，否则绕组有接错现象。

② 指南针法。如果绕组没有接错，则在一相绕组中，指南针经过相邻的极（相）组时，所指的极性应相反，在三相绕组中相邻的不同相的极（相）组也相反；如极性方向不变时，说明有一极（相）组反接；若指向不定，则相组内有反接的线圈。

③ 万用表电压法。如果两次测量电压表均无指示，或一次有读数、一次没有读数，说明绕组有接反处。

④ 其他方法，还有干电池法、毫安表剩磁法、电动机转向法等。

✲ 任务实施

无缝钢管定径前台横移链电机，型号：YZP280S1-6，功率：55kW，额定电压：380V，额定转速：985r/min。其点检任务如下。

① 机体振动（无抖动：2.8mm/s，噪声小）。

② 机体温度（外表面：测温仪 < 60℃）。

③ 电机地脚（螺栓无松动、标记位置未变化）。

④ 电机接手（无异响、无明显窜动，螺栓无松动）。

⑤ 电机轴承（轴承压盖表面温度：测温仪 < 60℃）。

⑥ 风机电机机体（无明显振动，噪声小）。

⑦ 编码器接手（无尖锐响声、无明显窜动、弹簧片无断裂）。

⑧ 编码器固定螺栓及线路（螺栓无松动、标记位置未变化，线路无明显松动）。

⑨ 接地刷无松动、刷辫子无干扰。

⑩ 设备运行电流曲线是否平稳。

⑪ 抱闸动作正常，闸皮磨损正常，无漏油。

⑫ DT50 支架是否稳定。

⑬ DT50 信号是否正常。

⑭ 热检支架是否稳定。

任务 2　电力拖动控制技术认知

 职业鉴定能力

对电力拖动控制装置进行常规点检与维护。

 核心概念

电力拖动系统由电机、变频器和控制器等关键设备组成。该系统通过电气设备来实现物体的运动。

 任务目标

1. 会对电力拖动控制装置进行维护、调试与保养。
2. 能掌握电力拖动控制装置常见故障诊断、故障排除、预先诊断的方法。

 素质目标

1. 培养安全规范操作的职业素养。
2. 提升自主探究和小组合作的能力。
3. 逐步培养"质量第一，精益求精"的工匠精神和爱国情怀。

 任务引入

电机及相关设备若要保持长期的良好工作性能，日常的使用、维护和点检尤为重要，正确地进行周期性、规范性的点检，是保证设备正常工作的前提条件。为了让点检员小王尽快掌握电机及相关设备的使用与维护，师傅给点检员小王布置了如下任务：

① 变频器设备的使用操作。
② 软启动器的使用操作。
③ 穿孔下电机拆装及防水制作施工方案记录。

变频器常见故障：①过流；②过压；③欠压；④过热；⑤输出不平衡；⑥过载；⑦开关电源损坏；⑧ SC（短路）故障；⑨接地故障。

 知识链接

使用软启动器启动电动机时，其输出电压逐渐增加，电动机逐渐加速，直到内部晶闸管全导通，电动机工作在额定电压上，实现了平滑启动，降低了启动电流，避免了启动过程中的过流跳闸现象。待电机达到额定转速时，启动过程结束，此时可用接触器将软启动器旁路，电动机直接接入电源长期运行，以降低晶闸管的热损耗，延长软启动器的使用寿命，提高其工作效率，又使电网避免了谐波污染。

软启动器同时还提供软停车功能，软停车与软启动过程相反，先切断旁路接触器，然后逐渐减小晶闸管导通角，使三相供电电压逐渐减小，电机转速由大逐渐减小到零，直至停车，避免了自由停车引起的转矩冲击。

 任务实施

1. 变频器设备的使用操作

掌握变频器工作原理，了解器件特性，熟悉变频器参数含义并按照控制要求设定参数。

2. 软启动器的使用操作

软启动器实际上是一种三相调压器，将其接入电源和电动机定子之间，主电路如图 2-6-1 所示。

3. 穿孔下电机拆装及防水制作施工方案记录

① 拆装顶头更换箱 2h。

② 拆上层盖板 2h。

③ 同时拆电机地脚螺栓，电机大小线、电机大线接线盒也要拆。

④ 拆接头螺栓。

⑤ 吊出电机，需 4 条吊带，4 个 25t 的吊环，注意吊出角度理论计算为 17°。

⑥ 防水盖板拆除 4h。

⑦ 吊出电机及水冷箱 3h。

⑧ 电机落入 4h。

⑨ 电机接线找正 5h，前期电机小轴提前找正 3 道误差以内，电机 46t 不含水冷箱，吊装 17° 角度没有具体实验数据。

⑩ 防水盖板回装，主次梁焊接 4h，铺平板（4～6mm）厚钢板，1m×6m 的需要 3 张半，要铺平，接口要平整（此次接口不好会导致渗水），接口用厚 1.5mm、

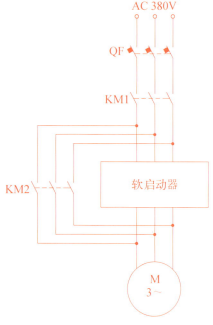

图 2-6-1　软启动器主电路

宽 10cm、长 5m 的丁基胶带封好，然后再做防水层 30m²，要求最好能达到 24h 内干燥。

⑪ 上层盖板及顶头更换箱走梯安装需 4h，接线需 3h。

任务 3　PLC 单元认知

 ## 职业鉴定能力

了解 PLC 结构组成单元，掌握 PLC 接线、程序调试及设备通信的能力。

 ## 核心概念

可编程控制器 PLC 是专为工业环境设计的特殊计算机。西门子 S7-1200PLC 由电源模块、CPU 模块、信号模块、信号板和通信模块组成。

 ## 任务目标

1. 了解 PLC 的应用场合。
2. 能掌握 PLC 的常见故障诊断及排除方法。

素质目标

1. 培养安全规范操作的职业素养。
2. 提升刻苦钻研、精益求精的做事态度。
3. 逐步培养"质量第一，精益求精"的工匠精神和爱国情怀。

 ## 任务引入

若要 PLC 及相关设备保持长期的良好工作性能，它的使用和维护尤其重要，正确地使用和维护电力控制系统，是保证设备正常工作的条件。

由于工业现场环境复杂，PLC 故障处理是仪器设备维护的重点之一。找出故障原因并排除显得尤为重要。请进行故障排除。

 知识链接

用户程序结构（以西门子 S7-1200 为例）如下。

模块化编程，将复杂的自动化任务划分为对应于生产过程的技术功能的子任务，每个子任务对应于一个称为"块"的子程序，通过块与块之间的调用来组织程序。这样的程序易于修改、查错和调试。块结构显著地增加了 PLC 程序的组织透明性、可理解性和易维护性。

OB、FB、FC 统称为代码块，被调用的代码块可以嵌套调用别的代码块。从程序循环 OB 或启动 OB 开始，嵌套深度为 16；从中断 OB 开始，嵌套深度为 6。

 任务实施

PLC 常见的故障点及排除方法如下。

第一类故障点主要出现在继电器、接触器等元器件上。

这些元器件容易受到现场环境的影响，触点容易氧化或打火，导致发热变形，无法使用。为了减少此类故障的出现，可以选择高性能的继电器，改善元器件使用环境。减少更换的频率，以减少对系统运行的影响。

第二类故障点多发生在阀门或闸板等设备上。

这些设备的执行部位相对移动较大。需要经过多个步骤才能完成位置转换，稍有不到位就会产生误差或故障。长期使用缺乏维护时，机械、电气失灵是故障产生的主要原因。因此需要加强对此类设备的巡检，及时处理问题。

第三类故障点可能发生在开关、极限位置、安全保护和现场操作中的某些部位或设备上。

原因可能是长期磨损，也可能是长期不用而腐蚀老化。比如一条生产线上小车来回移动频繁，现场灰尘大，接近开关的触点变形、氧化、被灰尘堵塞等，导致触头接触不良或机构动作不灵敏。这类设备故障的处理主要体现在定期维护中，使设备始终处于良好状态。对于限位开关，尤其是重型设备上的限位开关，除了定期维护外，还应在设计过程中增加多重保护措施。

第四类故障点可能发生在 PLC 系统的子设备中。

这类故障发生在接线盒、接线端子、螺栓和螺母等设备中。故障的原因除了设备本身的制造工艺外，还与安装工艺有关。比如有人认为电线和螺栓连接越紧密越好。但在二次维护时容易造成拆卸困难，在大力拆卸时容易造成连接器及其固定部件的损坏。长期的腐蚀也是故障的原因。根据工程经验，这种故障一般很难发现和修复，因此设备的安装和维护必须按照安装要求的安装流程进行，不留设备隐患。

第五类故障点是传感器和仪器。

这种故障一般反映在控制系统中的异常信号上。安装这类设备时，信号线的屏蔽层应一端可靠接地，并尽可能与电源电缆分开敷设，尤其是干扰较大的变频器输

出电缆，并在 PLC 内部进行软件滤波。这种故障的发现和处理也与日常点检有关，发现问题应及时处理。

第六类故障点主要是电源地线和信号线的噪声干扰。

需要在工程设计时考虑这些因素，以及在日常维护中进行观察分析。为确保整个系统稳定可靠，需要定期维护、加强巡检，并根据实际情况进行调整和改进。

任务 4　电气传动保护装置点检

 职业鉴定能力

对电气传动保护装置进行常规点检与维护。

 核心概念

电气传动系统多功能保护器作为低压三相异步电动机的监测、控制和保护于一体的智能型多功能化的综合保护装置。可有效保护包括供电回路、电动机及负载在内的整个传动系统，具有很高的性价比。功能如下。

① 保护：功率过载欠载、过电流、缺相、失速、堵转、电流不平衡、欠电压、过压、欠压接地故障、短路（根据不同型号功能有所不同）。

② 辅助功能：实时时钟、故障记忆、预报警、累计运行时间、3 ～ 10 次故障记录、自动启动限制、模拟输出。

③ 基于高性能数字微型处理器。

④ 产品控制面板断开的情况下，也能正常地保护系统。

⑤ 实时处理 / 高精度。

⑥ 通信：Modbus/RS-485。

 任务目标

1. 会对电气传动保护装置进行维护、调试与保养和日常点检。
2. 能掌握电气传动保护装置的常见故障诊断及排除方法。

 素质目标

1. 培养安全规范操作的职业素养。

2. 提升自主探究和团队合作的能力。

3. 逐步培养人文修养、审美观、价值观、新时代责任感和使命感。

电机及相关设备若要保持长期的良好工作性能，它的使用和维护尤其重要，正确地使用和维护电机控制系统，是保证设备正常工作的条件。

发生工作不正常现象时，首先要通过测量来判断故障类型，根据各种常见故障现象使用对应的处理方法维修或调换部件。为了让新入职点检员小王能更好地胜任本岗位工作，师傅给小王布置了如下任务：

① 熔断器点检。

② 熔断器的常见故障及处理方法。

③ 热继电器点检。

④ 热继电器的常见故障及处理方法。

1. 电气设备的状态维护

维护供配电设备机械部件，调整开关触头状态；维护继电保护性能；保养大型电机，调整对中，维护制动及电机润滑、风水冷系统；维护充电设备；维护设备外观及安装环境；维护组成模块；校核保护环节动作值；维护操作画面并更改运行参数；调整传感器、检测设备位置，维护设置性能参数；诊断网络故障及维护现场操作设备；维护遥感遥测设备。

2. 熔断器

熔断器是一种结构简单、价格低廉、动作可靠、使用维护方便的保护电器。它在低压配电网络和电力拖动系统中主要用作短路保护及严重过载保护。使用时串联在被保护的电路中。正常情况下，熔体相当于一根导线，当电路发生短路或严重过载，通过熔断器熔体的电流达到或超过某一规定值时，以其自身产生的热量使熔体熔断，从而自动分断电路，起到保护作用。

（1）熔断器的安装

① 熔断器应完整无损，安装时应保证熔体的夹头以及夹头和夹座接触良好，并且有额定电压、额定电流值标志。

② 插入式熔断器应垂直安装，螺旋式熔断器的电源线应接在瓷底座的下接线座上，负载线应接在螺纹壳的上接线座上。

③ 熔断器内要安装合格的熔体，不能用多根小规格熔体并联代替一根大规格熔体。

④ 安装熔断器时，各级熔体应相互配合，并做到下一级熔体规格比上一级规格小。

⑤ 安装熔丝时，熔丝应在螺栓上沿顺时针方向缠绕，压在垫圈下，拧紧螺钉的力应适当，以保证接触良好，同时注意不能损伤熔丝，以免减小熔体的截面积，产生局部发热而产生误动作。

⑥ 熔断器兼作隔离器件使用时应安装在控制开关的电源进线端；若仅作短路保护用，应装在控制开关的出线端。

（2）熔断器的使用

① 更换熔体或熔管时，必须切断电源。尤其不允许带负荷操作，以免发生电弧灼伤。

② 对 RM10 系列熔断器，在切断过三次相当于分断能力的电流后，必须更换熔断管，以保证能可靠地切断所规定分断能力的电流。

3. 热继电器

热继电器是利用流过继电器的电流所产生的热效应而反时限动作的继电器。热继电器主要用于电动机的过载保护、断相保护、电流不平衡运行的保护及其他电气设备发热状态的控制。图 2-6-2 为部分热继电器的外形图。

图 2-6-2　部分热继电器的外形图

（1）热继电器的维护和使用

① 热继电器必须按照产品说明书中规定的方式安装。安装处的环境温度应与电动机所处环境温度基本相同。当与其他电器安装在一起时，应注意将热继电器安装在其他电器的下方，以免其动作特性受到其他电器发热的影响。

② 安装热继电器时应清除触头表面尘污，以免因接触电阻过大或电路不通而影响热继电器的动作性能。

③ 使用中的热继电器应定期通电校验。此外，当发生短路事故后，应检查热元件是否已发生永久变形。若已变形，则需要通电校验。因热元件变形或其他原因致使动作不准确时，只能调整其可调整部件，而绝不能弯折热元件。

④ 热继电器在出厂时均调整为手动复位方式，如果需要自动复位，只要将复位螺钉沿顺时针方向旋 3 ～ 4 圈，并稍微拧紧即可。

⑤ 热继电器的使用中应定期用布擦净尘埃和污垢，若发现双金属片上有锈斑，应用清洁棉布蘸汽油轻轻擦除，切忌用砂纸打磨。

（2）热继电器整定电流的调整

热继电器的整定电流值一般为负载正常工作时通过热继电器的电流的 1 ～ 1.05 倍。这个电流可能是线电流，也可能是相电流。整定电流是指长期通过发热元件而不致使热继电器动作的最大电流。当发热元件中通过的电流超过整定电流值的 20% 时，热继电器应在 20min 内动作。热继电器的整定电流大小可通过整定电流旋钮来改变。图 2-6-3 为热继电器电流整定旋钮。选用和整定热继电器时一定要使整定电流值与电动机的额定电流一致。

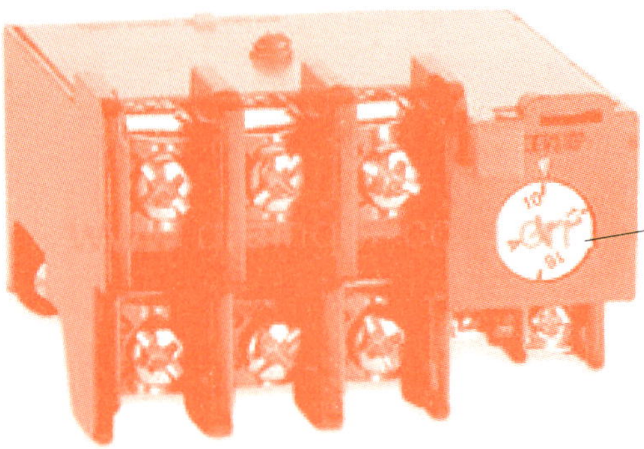

图 2-6-3 热继电器电流整定旋钮

任务实施

发生工作不正常现象时，首先要通过测量来判断故障类型，根据各种常见故障现象使用对应的处理方法维修或调换部件。如果损坏严重，已不可修复，则需要记下原品牌、型号、整定电流、安装尺寸等数据，以便购买符合要求的新热继电器进行更换。

1. 熔断器点检

① 熔体是否完好。

② 熔断器是否有油污。

2. 熔断器的常见故障、可能原因及处理方法（表 2-6-1）

表 2-6-1 熔断器的常见故障、可能原因及处理方法

故障现象	可能原因	处理方法
电路接通瞬间，熔体熔断	熔体电流等级选择过小	更换熔体
	负载侧短路或接地	排除负载故障
	熔体安装时受机械损伤	更换熔体
熔体未见熔断，但电路不通	熔体或接线座接触不良	重新连接

3. 热继电器点检

① 热继电器表面是否有油污。

② 主电路是否连通。

③ 控制回路是否连通。

④ 热元件是否烧断。

4. 热继电器的常见故障、故障原因及处理方法（表2-6-2）

表2-6-2　热继电器的常见故障、故障原因及处理方法

故障现象	故障原因	处理方法
热元件烧断	负载侧短路，电流过大	排除故障、更换热继电器
	操作频率过高	更换合适参数的热继电器
热继电器不动作	热继电器的额定电流值选用不合适	按保护容量合理选用
	整定值偏大	合理调整整定值
	动作触头接触不良	消除触头接触不良因素
	热元件烧断或脱落	更换热继电器
	动作机构卡阻	消除卡阻因素
	导板脱出	重新放入并测试
热继电器动作不稳定、时快时慢	热继电器内部机构某些部件松动	将这些部件加以紧固
	在检修中弯折了双金属片	用两倍电流预试几次或将双金属片拆下来热处理（一般约240℃）以去除内应力
	通电电流波动太大，或接线螺钉松动	检查电源电压或拧紧接线螺钉
热继电器动作太快	整定值偏小	合理调整整定值
	电动机启动时间过长	按启动时间要求，选择具有合适的可返回时间的热继电器或在启动过程中将热继电器短接
	连接导线太细	选用标准导线
	操作频率过高	更换合适的型号
	使用场合有强烈冲击和振动	选用带防振动冲击的或采取防振动措施
	可逆转换频繁	改用其他保护方式
	安装热继电器处与电动机处环境温差太大	按两地温差情况配置适当的热继电器
主电路不通	热元件烧断	更换热元件或热继电器
	接线螺钉松动或脱落	紧固接线螺钉
控制电路不通	触头烧坏或动触头簧片弹性消失	更换触头或簧片
	可调整式旋钮转到不合适的位置	调整旋钮或螺钉
	热继电动作后未复位	按动复位按钮

项目7 仪表点检与检测技术

任务1 现场仪器仪表点检

 职业鉴定能力

1. 具备正确识别和分析仪器仪表故障的能力。
2. 具备维护仪器仪表性能状态的能力。

 **核心概念**

仪器仪表可以感受和测量到人的感觉器官所不能感受到的物理量，自动化仪器仪表之于当今工业发展已经成为一种刚性需求，在机械设备、电子设备、监控系统中发挥的作用与日俱增。仪器仪表一般指用来测量、观察、计算各种物理量、物质成分、物性参数等的器具或设备。

任务目标

1. 掌握几种常用的仪器仪表的检测原理。
2. 掌握常用仪表出现的常见故障及分析方法。

素质目标

1. 打造较强的仪器仪表使用和维护的操作能力。
2. 养成"一丝不苟"的工匠精神。
3. 培养严谨的工作作风和民族自豪感。

任务引入

作为中枢系统的仪器仪表，能够实时监测整个系统的运行情况，如果设备出现故障，仪器仪表可以迅速检测到，提醒技术或维护人员进行决策和判断，在监测的同时还能够为调整设备的主要参数提供参考，因此保证仪器仪表的工况，正常投入运行十分必要。现场测量仪表，一般分为压力、温度、流量、液位四类。现场仪表故障率比显示仪表相对要高，是检查故障部位的重点。

点检任务：

① 压力仪表的点检及常见故障分析。

② 温度仪表的点检及常见故障分析。

③ 流量仪表的点检及常见故障分析。

④ 液位仪表的点检及常见故障分析。

知识链接

仪表按被测变量不同可分为：压力检测仪表、温度检测仪表、流量检测仪表、液位检测仪表。仪表主要依靠被测变量不同来分类，要熟悉工业领域广泛应用的仪器仪表分类及测温原理。

1. 压力仪表

压力仪表有机械式压力表、电接点压力表、压力变送器/差压变送器、压力开关。

（1）机械式压力表

压力表以弹性元件（波登管、膜盒、波纹管）作为表内的敏感元件，通过弹性元件的弹性形变，带动表内的转换机构将压力形变传导至指针，指针转动来测量并指示压力。在工业过程控制与技术测量过程中，由于机械式压力表的弹性敏感元件具有很高的机械强度以及生产方便等特性，适用于测量无爆炸、不结晶、不凝固，对铜和铜合金无腐蚀作用的液体、气体或蒸汽的压力及真空，如图 2-7-1 所示。

（2）电接点压力表

电接点压力表主要用于完成对流体介质压力的测量。当有流体压力存在时，在压力作用下，弹簧管末端会产生一定长度的形变，该形变经齿轮传动机构放大并显示在刻度盘上。同时，当刻

图 2-7-1　现场压力表

度盘上的指针触碰到预设值的上下限时，就会触动保护装置，完成自动断开或发出报警音的目的。电接点压力表主要由指示系统、测量系统、保护系统、磁助电接点装置、调整装置、外壳、接线盒等部分构成，如图 2-7-2 所示。电接点压力表具有精度高，运行稳定；设定范围宽，安装简便；体积小，重量轻，性价比高等特点，广泛应用于化工、石油、冶金、机械等领域测量腐蚀性强、黏度大、易结晶介质的压力。

（3）压力变送器

压力变送器是一种将压力变量转换为可传送的标准输出信号的仪表，而且输出信号与压力变量之间有一定的连续函数关系（通常为线性函数）。

电容式压力变送器如图 2-7-3 所示。采用结构简单、坚固耐用且极稳定的可变电容形式，可变电容由压力腔上的膜片和固定在其上的绝缘电极所组成。当感受到压力变化时，膜片产生微微的翘曲变形，从而改变了两极的间距，然后再采用独特的检测电路测电容的微小变化，并进行线性处理和温度补偿，传感器即可输出与被测压力成正比的直流电压或电流信号。精巧的结构、高性能的材料及先进的检测电路的完美结合，赋予了电容式压力变送器以很高的性能。

图 2-7-2　电接点压力表　　　　图 2-7-3　电容式压力变送器

（4）压力开关

压力开关是一种简单的压力控制装置，压力开关有机械式、电子式两大类。

① 机械式压力开关，通过纯机械形变使微动开关动作。在外力作用下，压力开关内部弹性元件产生位移，推动开关元件，当被测压力超过额定值时会改变开关元件的通、断状态，压力开关可发出警报或控制信号，如图 2-7-4（a）所示。

② 电子式压力开关主要采用压力传感器进行压力采样。通过压力传感器直接将压力转换为电量（电压或电流），再通过信号调理电路对传感器信号进行放大和处理，最后通过比较电路，使器件在设定压力限值上输出一个逻辑电平，这个逻辑状态可输入控制器，用来控制电开关。用户可以通过设定电平转换门限来决定压力开关的动作压力值。电子式压力开关如图 2-7-4（b）所示，显示屏直观，精度高，使用寿命长，控制方便，但价格较高，需要供电。

2. 温度仪表

常用温度仪表有双金属温度计、热电阻温度计、热电偶温度计、温度变送器、温度开关、非接触式温度计等。

（1）双金属温度计

由于两种金属的热膨胀系数不同，双金属片在温度改变时，两面的热胀冷缩程度不同，因此在不同的温度下，其弯曲程度发生改变。利用这一原理制成的温度计叫双金属温度计，如图 2-7-5 所示。双金属温度计主要用于测量中低温度场所中气体和液体的温度。

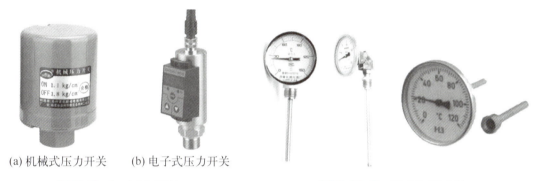

(a) 机械式压力开关　　(b) 电子式压力开关

图 2-7-4　压力开关　　　　　　　　图 2-7-5　双金属温度计

（2）热电阻温度计

热电阻温度计是利用热电阻作为测温元件的温度计，是基于金属导体的电阻值随温度的增加而增加这一特性来进行温度测量的。

热电阻温度计由热电阻和显示仪表组成，其间用导线相连，如图 2-7-6 所示。热电阻将电阻体的电阻信号直接转换为 $4 \sim 20mA\ DC$ 的标准信号，然后将电阻变化信息传输给显示仪表，以反映出被测温度。热电阻大都由纯金属材料制成，目前应用最多的是铂和铜。热电阻温度计是中低温区最常用的一种温度检测器。

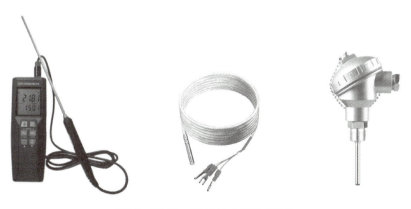

图 2-7-6　各类热电阻温度计

（3）热电偶温度计

热电偶是中高温区最常用的一种温度检测元件，它由两种不同材料的导体 A 和 B 焊接而成，构成一个闭合回路。当导体 A 和 B 的两个接点之间存在温差时，两者之间便会产生电动势，从而在回路中形成一电流。其结构简单、测量范围宽、使用方便、测温准确可靠，信号便于远传、自动记录和集中控制，因而在工业生产中应用极为普遍。热电偶温度计主要特点是测量精度高，性能稳定，测量范围极大，如图 2-7-7 所示。

图 2-7-7　各类热电偶温度计

（4）温度变送器

温度变送器是将温度变量转换为可传送的标准化输出信号的仪表，主要用于工业过程温度参数的测量和控制。

温度变送器主要采用热电偶或者热电阻作为测温元件，将检测出的温度信号经过变送、稳压、放大、转换、保护等信号调理电路处理后，转变为与温度成线性关系的标准仪表信号，如 4 ～ 20mA DC 的电流信号，或者 1 ～ 5V DC 的电压信号，将信号输入仪表，显示温度。温度变送器主要适用于化工、电力、冶金等工业领域现场过程温度参数的测量和控制，温度变送器有一体化温度变送器，也有导轨式温度变送器等，如图 2-7-8 所示。

（a）导轨式温度变送器　　　　（b）防爆一体化数显温度变送器

图 2-7-8　温度变送器

（5）红外测温仪

红外测温仪可采用非接触测量方式进行测温。在自然界中，一切温度高于绝对零度的物体都在不停地向周围空间发出红外辐射能量，能量的大小与它的表面温度有着十分密切的关系，因此通过测量物体自身辐射的红外能量便能准确地测定它的表面温度，这就是红外辐射测温的原理。

红外能量聚焦在光电探测器上并转变为相应的电信号，该信号经过信号调理电路，校正后转变为被测目标的温度值。比起接触式测温方法，红外测温有着响应时间快、非接触、使用安全及使用寿命长等优点。在红外测温时应考虑所在的环境条件，如温度、污染等干扰因素。各类红外测温仪如图 2-7-9 所示。

图 2-7-9　各类红外测温仪

3. 流量仪表

常用的流量仪表有涡轮流量计、质量流量计、涡街流量计、超声波流量计等。

（1）涡轮流量计

涡轮流量计是一种新型智能化仪表，可以测量各种液体介质的体积瞬时流量和体积总量，具有结构紧凑、读数直观、可靠等特点，如图 2-7-10 所示。

当被测流体流过涡轮流量计时，在流体作用下，叶轮受力旋转，其转速与管道平均流速成正比，同时，转动的叶轮周期地改变磁电转换器的磁阻值，检测线圈中的磁通随之发生周期性变化，产生周期性的感应电势，即电脉冲信号，经放大器放大后，送至显示仪表显示。涡轮流量计广泛应用于石油、有机液体、无机液体、液化气、天然气和煤气等流体的流量测量，是最为通用的一种流量计。

（2）质量流量计

在工业生产中，流量的重量往往会受到被测介质的压力、温度、黏度等许多参数变化的影响，会给流量测量带来较大的误差。因此，为了对流体进行准确计量，需要测量流体的质量流量。质量流量计就是用来测量流体质量的流量计。

流体在旋转的管内流动时会对管壁产生一个力，使内部两根振管扭转振动，将产生相位不同的两组信号，这两个信号差与流经传感器的流体质量流量成比例关系，从而可算出流经振管的质量流量。不同的介质流经传感器时，振管的主振频率不同，安装在传感器振管上的铂电阻可间接测量介质的温度。质量流量计是一个较为准确、快速、可靠、高效、稳定、灵活的流量测量仪表，在石油加工、化工等领域将得到更加广泛的应用，如图 2-7-11 所示。

图 2-7-10   涡轮流量计

图 2-7-11   质量流量计

（3）涡街流量计

涡街流量计也称为卡门涡街流量计，它的工作原理是在流体中安放一个非流线型旋涡发生体，使流体在发生体两侧交替地分离，释放出两串规则地交错排列的旋涡（这种旋涡称为卡门旋涡）且在一定范围内旋涡分离频率与流量成正比的一种流量计，如图 2-7-12 所示。其特点是压力损失小，量程范围大，精度高，在测量工况体积流量时几乎不受流体密度、压力、温度、黏度等参数的影响。无可动机械零件，因此可靠性高，维护量小。

（4）超声波流量计

超声波流量计是指一种基于超声波在流动介质中传播速度等于被测介质的平均流速与声波在静止介质中速度的矢量和的原理开发的流量计，主要由换能器和转换器组成。超声波流量计依据测量原理常见的有两类：时间差计量、多普勒原理计量。根据实际应用的需要，超声波流量计又可分为外夹式、插进式、管段式。外夹式超声波流量计是生产最早、用户最熟悉且应用最广泛的超声波流量计，安装换能器无须管道断流，即贴即用，它充分体现了超声波流量计安装简单、使用方便的特点，如图 2-7-13 所示。

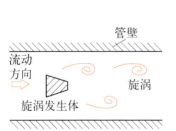

(a) 涡街流量计原理图   (b) 涡街流量计外观

图 2-7-12   涡街流量计

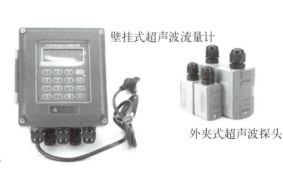

图 2-7-13   外夹式超声波流量计

管段式超声波流量计把换能器和测量管组成一体，解决了外贴式流量计在测量中因管道材质疏松或锈蚀严重导致超声波信号衰减严重的问题，而且测量精度也比其他超声波流量计要高，但要求切开管道安装换能器，如图 2-7-14 所示。

插进式超声波流量计介于上述二者中间。在安装上可以不断流，利用专门工具在有水的管道上打孔，把换能器插进管道内，完成安装。由于换能器在管道内，其信号的发射、接收只经过被测介质，而不经过管壁和衬里，所以其测量不受管壁和管衬材料限制，如图 2-7-15 所示。

图 2-7-14　管段式超声波流量计

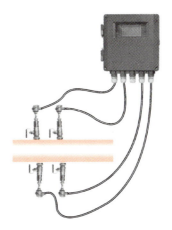

图 2-7-15　插进式超声波流量计

4. 液位仪表

液位仪表常用的有玻璃板液位计、磁翻板液位计、双法兰液位计、电浮筒式液位计、超声波液位计、雷达液位计、深度液位计等。

（1）玻璃板液位计

玻璃板液位计根据连通器原理，通过透明玻璃直接显示容器内液位实际高度，适用于直接指示各种塔、罐、槽、箱等容器内介质的液位，具有结构简单、直观可靠等优点。同时在仪表上下阀门内装有安全钢球，当玻璃意外破损时，钢球能在容器内压力的作用下，自动关闭液流通道，以防止介质继续外流。玻璃板液位计较为脆弱且容器中的介质必须对内部材料不起腐蚀作用，如图 2-7-16 所示。

（2）磁翻板液位计

磁翻板液位计是根据浮力和磁性耦合原理研制而成的，它弥补了玻璃板（管）液位计指示清晰度差、易破裂等缺陷。当被测容器中的液位升降时，液位计中的磁性浮子也随之升降，浮子内的永磁体通过磁耦合传递至磁翻柱，驱动红、白翻柱翻转，红白交界处的刻度即为容器内部液位的实际高度，从而实现液位的清晰指示，如图 2-7-17 所示。磁翻板液位计可直接用来观察各种容器内介质的液位高度，可用于各种塔、罐、槽形容器和锅炉等设备的介质液位检测。

（3）双法兰液位计

双法兰液位计，实质上是一种差压变送器，是对测量介质的两点之间由于存在液位高度所产生的压差进行测量的变送器仪表，如图 2-7-18 所示。当两侧压力不一致时，测量膜片产生位移，位移量和压力差成正比，故两侧电容量不等，通过振荡

图2-7-16　玻璃板液位计

图2-7-17　磁翻板液位计

和解调环节，转换成与压力成正比的电信号。双法兰液位传感器可用于恶劣的环境中液位的测量，在选择安装场所时，要小心地减少传感器所受到的温度梯度、温度波动、振动的冲击等的影响。

（4）电浮筒液位计

电浮筒是根据阿基米德原理工作的，当液位变化时，浮筒所受浮力变化，通过支点，使扭力管受力作用后产生扭变，检测元件检测出后，变送器功能模块电路将测量信号经缓冲、放大和电压/电流变换后，输出4～20mA标准直流信号，信号与作用在浮筒上的浮力成正比例变化关系。

电浮筒液位计具有精度高、可靠性好、调整方便、测量范围广、经久耐用等优点，带有液晶数字显示屏，标准的二线制4～20mA输出，无须专用二次仪表，并可与计算机连接。适合工艺流程中敞口或带压容器内的液位、界位、密度的连续测量，广泛应用于石油、化工、电力、食品、水利、冶金、热力、水泥和污水处理等行业，如图2-7-19所示。

图2-7-18　双法兰液位计

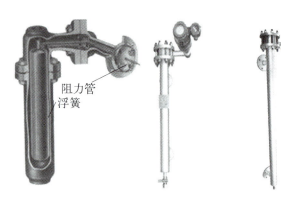

阻力管
浮簧

图2-7-19　电浮筒液位计

（5）超声波液位计

超声波液位计为非接触式测量，安装方便，是由微处理器控制的数字物位仪表。在测量中，脉冲超声波由传感器（换能器）发出，声波经物体表面反射后被同一传感器接收，转换成电信号，由声波的发射和接收之间的时间来计算传感器到被测物体的距离。由于采用非接触的测量方式，被测介质几乎不受限制，可广泛用于各种液体和固体物料高度的测量，如图 2-7-20 所示。

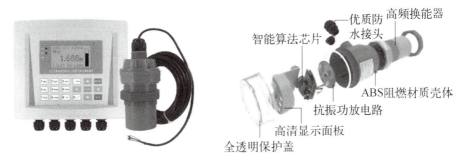

图 2-7-20　各类超声波液位计

（6）雷达液位计

雷达液位计基于时间行程原理，探头发出雷达波以光速运行，当遇到物料表面时雷达波反射回来，被仪表内的接收器接收，光波运行时间通过电子部件被转换成物位信号，从而可以确保在极短时间内稳定和精确地测量。雷达液位计适用于对液体、浆料及颗粒料的物位进行非接触式连续测量，也适用于温度、压力变化大，有惰性气体及存在挥发气体的场合，如图 2-7-21 所示。

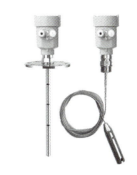

图 2-7-21　雷达液位计

任务实施

1. 压力仪表的点检及常见故障分析

（1）压力仪表日常巡检维护注意事项

① 打扫压力表及压力变送器现场，保证其表头根部阀及相关部件无油污

② 检查变送器外观，包括铭牌、标志、外壳等应整洁，零件完整无缺，铭牌与标志齐全清楚，外壳旋紧盖好，确认标签清晰、完整。

③ 检查现场压力表及压力变送器根部阀为打开状态，压力表上部开关处在打开位置。

④ 检查变送器内部，内部应清洁，电路板及端子固定螺栓齐全牢固，表内接线正确，编号齐全清楚，引出线无破损或划痕。

⑤ 检查仪表外观良好，无破损，接头螺纹有无滑扣、错扣，紧固螺母有无滑丝现象。

⑥ 检查仪表零点和显示值的准确性、真实性。

⑦ 检查易堵介质的导压管是否畅通，定期进行吹扫。

⑧ 长期停用变送器时，应关闭根部阀。

⑨ 按变送器校准周期定期进行校准、排污或放空。

（2）现场压力表常见故障分析

现场使用的压力仪表可分为就地和远传两大类，就地安装的压力表出现的故障较明显，通过观察大多能发现问题所在，对症更换或修理即可。

① 压力表无指示或不变化。可能是取样阀或导压管堵塞，新安装及不定期排污的压力表常会出现这一故障。振动及压力波动大的场合，如水泵出口压力表，常会把压力表的指针振松，造成工艺压力变化而仪表不变化的故障。

② 去除压力后指针不回零。产生的原因可能是指针松动或游丝有问题，如扇形齿轮磨损，压力表接头内有污物堵塞，游丝力矩不足，游丝变形等。测量介质如是液体，压力表的位置又低于测压点，则导压管内的液体或冷凝液重量产生的静压力造成压力表的指针不回零位。

③ 压力表指针有跳动或停滞现象。压力表反应迟钝不灵敏，可能的原因有：指针松动，指针与表玻璃或刻度盘相碰存在摩擦；扇形齿轮与中心轴摩擦；压力表内太脏有污物；导压管堵塞。

（3）压力变送器/差压变送器常见故障分析

① 输出信号为零。当压力变送器出现压力为零的现象时，可以从以下几个方面进行处理：首先检查管道内是否存在压力，仪表是否正常供电；之后检查是否存在电源极性接反的现象；最后检查电子线路板、感压膜头、变送器电源电压等。

② 加压力无反应。若加压力无反应则要检查取压管的阀门是否正常，变送器保护功能跳线开关是否正常，取压管是否堵塞，检查变送器的零点和量程，更换传感膜头等。

③ 压力变量读数偏差。压力变送器出现压力读数明显偏高或偏低的现象时，首先检查取压管路是否存在泄漏现象，再检查取压管上的阀门，对传感器进行微调，若还存在问题，更换新的传感膜头。

④ 压力变量读数不稳定。该问题可通过隔离外界干扰源、检查变送器引压系统（导压管是否泄漏、管道是否堵塞、引压管是否畅通、敏感元件是否出现变形）等方法来排查。

2. 温度仪表的点检及常见故障检查处理方法

现介绍温度仪表点检要点和热电偶、热电阻、温度变送器的常见故障分析方法。

（1）温度计和温度变送器日常巡检维护注意事项

① 打扫仪表卫生，保持温度表及其附件的清洁。

② 检查温度表外观，包括铭牌、标志、外壳等；外观应整洁，零件完整无缺，铭牌与标志齐全清楚，面板方向正确；仪表确认标签清晰且未过期。

③ 检查温度表接头处有无泄漏，螺纹有无滑扣、错扣，紧固螺母有无滑丝现象。

④ 检查温度计安装是否牢固。

⑤ 检查温变外壳密封，电源信号线入口连接可靠，导线连接紧固。

⑥ 检查现场温度计与温变显示的温度是否一致。

（2）热电偶常见故障分析

① 热电偶常见故障有热电势比实际值大，热电势误差大，热电势比实际值小，热电势不稳定等现象。

② 热电势比实际值大的故障是不多见的，除有直流干扰外，大多是由热电偶与补偿导线或热电偶与显示仪表不匹配造成的。

③ 热电势误差大，通常是热电偶变质的原因，而热电偶变质大多是由保护套管有慢性泄漏或腐蚀性气体进入保护管内导致的偶丝腐蚀造成的，保护套管严重泄漏时会造成热电偶的损坏。

（3）热电阻常见故障分析

热电阻常见故障有热电阻断路或短路。由于热电阻所用电阻丝很细，所以断路故障居多，断路和短路都是比较容易判断的。

① 热电阻及连接导线断路时显示仪表的温度指示跑大。这时可先在显示仪表的输入端子处测量电阻值来判断故障，检查时要把热电阻与显示仪表的连接导线拆除，否则测得的电阻值含有显示仪表的内阻而引起误判。如果测得的电阻值为无穷大，说明从仪表至热电阻的连线及热电阻有断路故障，然后到现场，把热电阻的两个接线端子短路，如果显示仪表指示小，则可肯定是热电阻断路。如果显示仪表仍然指示大，则连接导线有断路处，再分段检查找出断路处。

② 热电阻局部短路时，显示仪表的指示值将偏低。可用数字万用表或直流电阻电桥测量热电阻的电阻值来判断，检查在热电阻接线盒的端子处进行，如果测得的电阻值明显低于实际温度时的电阻值，则可判断是热电阻局部短路。还有一种是严重短路，即显示仪表指示小，可将连接导线从电阻体的端子处拆开，观察显示仪表是否指示大，如果指示大说明热电阻有短路故障，如仍然指示小，则连接导线肯定有短路；用万用表测量电阻就可找出短路点。

③ 对于有短路故障的热电阻可以试着修理，只要不影响电阻丝的粗细和长短，找到短路点进行绝缘处理，一般都可以修复再用。对于内部断路则只有更换。

④ 显示仪表指示波动，要通过观察来判断是正常的温度变化，还是非正常的温度波动；波动很明显且没有规律，就有可能是热电阻或导线连接处有接触不良现象，尤其是现场条件差或使用年久时，由于氧化、锈蚀常会发生接触不良的故障。通过测量检查发现故障点，上紧螺钉、打磨氧化锈蚀点就可修复。

⑤ 显示仪表指示值比实际值低或示值不稳定。查看保护管内有水，热电阻受潮；烘干热电阻，清除水及灰尘。查看接线柱有灰尘，端子接触不良；找出接触不良点，上紧螺钉。

（4）温度变送器常见故障分析

温度变送器的输出信号为 4～20mA，其故障现象为无电流输出，零点有偏差，输出电流偏高、偏低，输出电流波动等。因此，在检查故障时，应该以检查外部为主，如以下三类。

① 无电流输出，应检查供电电源是否正常，接线有没有断路；经检查都正常时，可通过更换变送器来确定故障。

② 输出电流有偏差，应先检查测量元件，如热电偶、热电阻是否有误差，可用标准表测量、检查和判断。还应检查接线端子接触是否良好，是否受潮。

③ 输出电流波动，大多是由于线路接触不良及有干扰，可以通过检查线路接触情况，以及测量线路上干扰电压来确定故障原因。

3. 流量仪表的点检及常见故障分析

（1）流量仪表日常巡检维护注意事项

① 每周进行一次卫生清扫，保持流量计及其附件的清洁。

② 检查流量计外观，包括铭牌、标志、外壳等；外观应整洁，零件完整无缺，铭牌与标志齐全清楚，外壳旋紧盖好；仪表标签清晰、日期完整准确。

③ 检查变送器零部件完整无缺，检查流量计内部，包括电路板、接线端子、表内接线、线号、引出线等；内部应清洁，电路板及端子固定螺栓齐全牢固，表内接线正确，编号齐全清楚，引出线无破损或划痕。

④ 检查流量计电气接口螺纹有无滑扣、错扣，紧固螺母有无滑丝现象；检查流量计上下法兰连接处有无泄漏。

⑤ 检查仪表零点和显示值的准确性，确保变送器零点和显示值准确、真实。

⑥ 检查流量计有无卡阻。在冬季需要伴热保温的流量计，应确保流量计保温伴热良好，以免介质冻堵流量计管线或变送器测量元件被冻坏。

（2）涡轮流量计常见故障分析

① 流体正常流动时流量计无显示。检查电源线、熔丝等是否有断路或接触不良，线圈是否有断线，传感器流通通道内部是否有故障。可以用万用表排查，同时检查线圈有无断线或焊点脱焊。

② 流量计显示逐渐下降。检查过滤器是否堵塞；仪表管段上的阀门阀芯是否松动、开度减少；叶轮受杂物阻碍或轴承间隙进入异物，造成阻力增加。

③ 流体不流动，流量显示不为零。检查传输线屏蔽是否接地不良；加固管线，或加装支架防止管道振动；检修截止阀是否关闭不严。逐项检查显示仪内部线路板或电子元件是否变质损坏。

④ 显示仪示值与经验评估值差异显著。传感器流通通道内部故障；管道流动不通畅；显示仪内部故障；传感器中的永磁材料失磁；传感器流过的实际流量已超出规定范围。

（3）质量流量计常见故障分析

① 瞬时流量恒示最大值。检查电缆线是否断开或传感器是否损坏；变送器内的

保险管是否烧坏；传感器测量管是否堵塞等。

② 流量增加时，流量计指示负向增加。传感器流向与外壳指示流向相反，检查信号线是否接反。改变安装方向，改变信号线接线。

③ 流体流动时，流量显示正负跳动，跳动范围较大且有时维持负最大值：可能管路发生振动；可能流体有气液两相组分，或者变送器周围有强磁场或射频干扰。

（4）涡街流量计常见故障分析

① 管道流量仪表无显示无输出。检查供电电源，电压是否未接通，连接电缆可能断线。

② 仪表有显示无输出。可能流量过低，没有进入测量范围。放大板某级有故障，探头体有损伤，管道堵塞。

③ 流量输出不稳定。有较强电干扰信号，仪表未接地，流量与干扰信号叠加；直管段长度不够或者管道内径与仪表内径不一致，流量输出受管道振动的影响；流量低于下限或者超过上限；流体中存在气穴现象等。

（5）超声波流量计常见故障分析

① 流速显示数据剧烈变化。传感器安装在管道振动大的地方或安装在调节阀、泵、缩流孔的下游。

② 传感器正常，但流速低或没有流速。管道内有堵塞物未清除干净。管道面凹凸不平或安装在焊接缝处，传感器与管道耦合不好，耦合面有缝隙或气泡传感器安装在套管上，会削弱超声波信号。

③ 流量计工作正常，突然流量计不再测量流量。被测介质发生变化；被测介质由于温度过高产生汽化；被测介质温度超过传感器的极限温度；传感器的耦合剂老化或消耗了，由于出现高频干扰使仪表超过自身滤波值。

4. 液位仪表的点检及常见故障分析

（1）液位仪表日常巡检维护注意事项

液位仪表有玻璃管液位计和带变送器液位计，其保养维护注意事项如下。

① 现场卫生清洁干净，保持液位计及其附件的清洁。

② 外观检查，玻璃面板是否老化，刻度是否清晰，包括铭牌、标志、外壳等；外观应整洁，刻度盘与指针清晰，零件完整无缺，紧固螺栓无松动。

③ 检查上下部阀有无泄漏，排污阀是否排污通畅。

④ 定期清洗玻璃管内外壁污垢，以保持液位显示清楚。清洗时应做到，先封闭与容器连接的上、下阀门，打开排污阀，放净玻璃管内残液，使用适当清洗剂或采用长杆毛刷拉擦方法，清除管内壁污垢。

⑤ 对于变送器液位计，应检查液位计内部电路板及端子固定螺栓齐全牢固，表内接线正确，编号齐全清楚，引出线无破损或划痕。

⑥ 检查液位计电气接口螺纹有无滑扣、错扣，紧固螺母有无滑丝现象。

⑦ 检查液位计上下法兰连接处无泄漏。

⑧ 检查仪表零点和显示值的准确性，变送器零点和显示值准确、真实。

⑨ 在冬季，需要伴热保温的液位计，应确保液位计保温伴热良好，以免介质冻堵流量计管线或变送器测量元件被冻坏。

（2）磁翻板液位计常见故障分析

① 面板无显示。检查浮子是否损坏、是否消磁，检查面板翻柱是否消磁。

② 远传输出不稳定。检查线路电压是否有间歇短路、开路或多点接地。

③ 磁翻板液位计安装必须垂直，应避开或远离物料介质进出口处，避免物料流体局部区域的急速变化，影响液位测量的准确性。

（3）浮筒式液位计常见故障分析

① 浮子未吊好。浮子与筒壁相摩擦，因摩擦力抵消部分液面浮力，指示值不准。

② 输出值不变。浮筒内介质几乎处于相对静止的状态，导致许多杂质沉淀在浮筒里，污泥把浮子卡住，即使液位变化，浮子也无法动作，就会出现输出值不变的情况。

③ 液位显示超满量程。浮子的挂扣脱落，由于脱扣，浮子沉到浮筒底部，扭力管无挂重，相当于液位满量程时的情况。把浮子挂扣挂好后即可恢复正常运行。

④ 无输出。放大器板损坏，浮子经过扭力管传过来的液位位移信号无法通过放大器变成数字信号输出。

（4）超声波液位计常见故障分析

① 无信号或者数据波动厉害。现场容器里面有搅拌器，水面不平静、液体波动比较大，影响超声波液位计的测量。可选用更大量程的超声波液位计。

② 超声波液位计一直显示在搜索，处于"丢波"状态。液体表面有泡沫，跟泡沫的覆盖面积有关。

③ 超声波液位计数据无规律跳动。工业现场会有很多电动机、变频器等，产生电磁干扰，会影响探头接收到的回波信号。

更多仪器仪表的检验标准可参考《仪器仪表国内外最新标准及其工程应用技术全书》中各类仪器仪表检验与规范标准。

任务 2　常用传感器点检

 职业鉴定能力

具备正确识别和维护传感器性能状态的能力。

核心概念

传感器是一种检测装置，能感受到被测量的信息，并能将感受到的信息，按一定规律变换成为电信号或其他所需形式的信息输出，以满足信息的传输、处理、存储、显示、记录和控制等要求。

任务目标

掌握传感器的基本知识，能够保证传感器的正常运行。

素质目标

1. 打造较强的仪器仪表使用和维护的操作能力。
2. 养成"一丝不苟"的工匠精神。
3. 培养民族自豪感和严谨的工作作风。

任务引入

传感器可以测量人体无法感知的量，测量范围宽、精确度高、可靠性好，能感受被测量并将它转换成可用信号输出，在工业检测、自动控制系统上有广泛应用。传感器种类繁多，这里介绍冶金机电设备中常用的几种类型，包括热敏传感器、接近传感器、光电编码器、限位开关等。

点检任务：常用传感器的点检。

知识链接

1. 热敏传感器

热敏传感器是将温度变化转换为电量变化的器件，可分为有源和无源两大类。它是利用某些材料或元件的性能随温度变化的特性来进行测量的。热敏传感器主要有热电阻传感器、热电偶传感器、双金属温度计等。

（1）热电阻传感器

热电阻温度传感器分为金属热电阻和半导体热敏电阻两大类，用于制造热电阻的材料应具有尽可能大和稳定的电阻温度系数和电阻率，物理化学性能稳定，最常用的热电阻材料有铂热电阻和铜热电阻。热电阻传感器由热电阻、连接导线及温度变送器组成，可以将温度转换为标准电流信号输出。它广泛用于测量中低温范围内的温度。防爆型热电阻传感器如图 2-7-22 所示。

（2）热电偶传感器

热电偶能够将热能直接转换为电信号，热电偶传感器是工业中使用最为普遍的接触式测温装置，如图 2-7-23 所示。它具有性能稳定、测温范围大、可以远距离传输、结构简单、使用方便等特点，并且输出直流电压信号，使得显示、记录和传输都很容易。

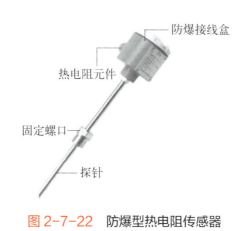

防爆接线盒

热电阻元件

固定螺口

探针

图 2-7-22　防爆型热电阻传感器

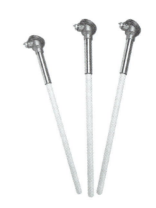

图 2-7-23　热电偶传感器

（3）双金属温度计

参见本项目任务 1。

2. 接近传感器

接近传感器，是代替限位开关等接触式检测方式，以无须接触检测对象进行检测为目的的传感器的总称。能检测对象的移动信息和存在信息，并将其转换为电气信号。接近传感器主要有电感式接近传感器、电容式接近传感器、光电式接近传感器、超声波传感器等。如图 2-7-24 所示。

图 2-7-24　各类接近传感器

3. 光电编码器

光电编码器是一种通过光电转换将输出轴上的机械几何位移转换成脉冲或数字

量的传感器，是冶金行业应用较多的传感器。光电编码器是由光源、光码盘和光敏元件组成的，如图 2-7-25 所示。为判断旋转方向，码盘还可提供相位相差 90° 的两路脉冲信号。光电编码器可分为增量式编码器和绝对式编码器。

4. 限位开关

限位开关也叫行程开关、位置开关，利用生产机械运动部件的按压或碰撞使其触头动作从而实现控制电路的接通或分断，使运动机械按一定位置或行程自动停止、反向运动、变速运动或自动往返运动等，各类限位开关如图 2-7-26 所示。

图 2-7-25　光电编码器

图 2-7-26　各类限位开关

 任务实施

1. 热敏传感器的定期维护

① 检测传感器安装环境是否干净、整洁，进行油污、粉尘的清扫。
② 安装位置是否有移位，对位是否不准确。
③ 检查接线盒外观是否完整，盒内接线是否紧固。

2. 接近传感器的定期维护

① 检测物体及接近传感器的安装位置有无偏离、松弛、歪斜。
② 布线、连线部分有无松弛、接触不良、断线。
③ 是否有金属粉尘等的黏附、堆积。
④ 使用温度条件、环境条件是否有异常。

3. 光电编码器的定期维护

① 一个精密的测量元件，本身密封很好，使用环境要注意防振和防污。
② 检查是否有振动造成的内部紧固件松动脱落。
③ 检查编码器的连接是否松动，要及时调整固定。

4. 限位开关的定期维护

① 检测开关的安装位置有无偏离、松弛、歪斜，及时紧固。
② 检查触点上是否有杂物，造成触点不能动作或回弹。
③ 检查接线盒内部接线是否松动，造成断路。

任务 3　检测技术运用

 职业鉴定能力

掌握各类检测技术的测量方法与数据处理。

 核心概念

检测技术是利用各种物理、化学效应，选择合适的方法与装置，将生产过程等各方面的有关信息通过检查与测量的方法，赋予定性或定量结果的过程。

 **任务目标**

1. 了解检测技术的基本概念。
2. 掌握测量方法、误差处理等。

 素质目标

1. 打造较强的仪器仪表使用和维护的操作能力。
2. 养成"一丝不苟"的工匠精神。
3. 培养民族自豪感和严谨的工作作风。

 任务引入

检测是意义更为广泛的测量，包含测量、信号转换、传输、处理等综合性技术。检测技术是产品检验和质量控制的重要手段，广泛应用在生产、科研、试验及服务等各个领域，是自动化系统不可缺少的组成部分。人们对检测系统的测量精度要求也越来越高。

点检任务：检测中系统误差的处理方法。

 **知识链接**

1. 检测技术的分类

检测技术按测量方法可分为直接测量、间接测量。按测量值的获得方式可分为偏移法测量、零位法测量、差分式测量；按传感器与被测对象是否直接接触可分为接触式测量、非接触式测量；根据对象变化的特点可分为静态测量、动态测量。

2. 影响检测技术的干扰

影响检测技术的干扰有机械干扰、湿度及化学干扰、热干扰、电磁干扰等。机械干扰是指机械振动或冲击使检测装置振动，影响检测参数；湿度及化学干扰指当环境湿度增加，会形成水膜，渗入设备内部，造成漏电、击穿或短路等干扰；热干扰指设备和器件长期在高温下工作，或者环境温度发生变化，引起设备寿命和耐压等级的降低；电磁干扰有自然干扰和人为干扰，自然干扰指空间射电、辐射噪声、大气层噪声等；人为干扰指大功率高频干扰、电磁波干扰等。

3. 常用的干扰抑制措施

在检测技术中常用的抑制干扰措施有静电屏蔽、电磁屏蔽、接地技术等。静电屏蔽利用的是带孔屏蔽板、屏蔽罩、屏蔽窗等；电磁屏蔽利用的是金属的电磁屏蔽层；接地技术是利用可靠的接地线作为电信号基准电位，保证电路工作稳定，抑制干扰。

4. 检测技术误差的分类

（1）系统误差

系统误差是指在相同测量条件下多次测量同一物理量，其误差大小和符号保持恒定或按某一确定规律变化的误差，此类误差称为系统误差。系统误差表征测量的准确度。

（2）随机误差

随机误差是指在相同测量条件下多次测量同一物理量，其误差没有固定的大小和符号，呈无规律的随机性的误差，此类误差称为随机误差。通常用精密度表征随机误差的大小。

（3）粗大误差

粗大误差是指明显偏离约定真值的误差。它主要是由测量人员的失误所致，如测错、读错或记错等。含有粗大误差的数值称为坏值，应予以剔除。

系统误差与随机误差可同时出现。对于系统误差，可采取有效措施将其削弱或减小到可忽略的程度。随机误差不可削弱，但可通过多次测量取平均值的办法，减小其对测量结果的影响。

任务实施

1.设备状态检测工作要点

① 确定实施状态检测的设备。

② 选定状态检测参数，如温度、速度等。

③ 确定测点位置和测定方向等。

④ 确定检测时长。

⑤ 确定判别标准，如绝对标准、相对标准或类比标准等。

⑥ 确定测试方法，如离线、在线等。

⑦ 设备优劣趋势分析。

2.检测中系统误差的处理方法

① 对度量器及测量仪器进行校正。

② 测量前检查好仪表零位以及采取屏蔽措施来消除外部磁场、电场等各种外界因素，消除误差的根源。

③ 采用特殊的测量方法。

a. 替代法：在保持仪表读数状态不变的条件下，用等值的已知量去替代被测量，这样测量结果就和测量仪表的误差及外界条件的影响无关，从而消除系统误差。

b. 正负消去法：如果第一次测量时误差为正，第二次测量时误差为负，则可对同一量反复测量两次，然后取两次测量的平均值，便可消除这种系统误差。

c. 换位法：当系统误差恒定不变时。在两次测量中使它从相反的方向影响测量结果，然后取其平均值，从而消除这种系统误差。

项目8 其他电气设备维护

任务 1 UPS 系统维护

 职业鉴定能力

1. 具备分析 UPS 电源系统状态的能力。
2. 具有一定的故障检测与维护能力。

核心概念

UPS（Uninterruptible Power Supply）即不间断电源，是一种含有储能装置的不间断电源，主要用于给部分对电源稳定性要求较高的设备，提供不间断的电源。

任务目标

1. 会对 UPS 电源进行维护与保养。
2. 能掌握 UPS 常见故障诊断及排除方法。

素质目标

1. 提升电气设备故障检测与维护能力。
2. 养成与他人密切配合的团结协作精神。
3. 培养关心人民生命财产安全的家国情怀。

任务引入

UPS 即不间断电源，从严格意义上讲，它不依靠能量形式的转换来提供电能，它只是提供一种两路电源之间无间断切换的机会。UPS 系统在输入电源中断时可立即供应电力优良的电源进行稳压、滤除噪声、防雷击等功能。在冶金等多个行业领域中除工业电网正常供电外，还需配备 UPS 供电系统，保障供电稳定和连续性。UPS 系统被广泛应用于计算机及网络系统、移动通信及各种自动生产流水线等多个应用领域。

点检任务：
① UPS 电源系统的日常保养与维护。
② 蓄电池在使用和维护中的注意事项。
③ UPS 电源系统的使用注意事项。

知识链接

1. UPS 的作用

UPS 系统可以实现两路电源之间的无间断相互切换，如图 2-8-1 所示。它具有隔离、电压变换、频率变换、提供后备时间的作用。

① 隔离作用：UPS 可以将瞬间间断、谐波、电压波动、频率波动以及电压噪声等电网骚扰阻挡在负载之前，既使负载对电网不产生骚扰，又使电网中的骚扰不影响负载，如图 2-8-2 所示。

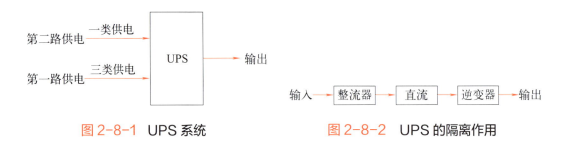

图 2-8-1 UPS 系统   图 2-8-2 UPS 的隔离作用

② 电压变换作用：UPS 系统可以变换电压，使输入电压等于或不等于输出电压，如 380V/380V，380V/220V，包括稳压作用。

③ 频率变换作用：UPS 系统可以变换频率，使输入频率等于或不等于输出频率，如 50Hz/50Hz，50Hz/60Hz，包括稳频作用。

④ 提供一定的后备时间：UPS 的电池储存一定的能量，在电网停电或间断时继续供电一段时间来保护负载；后备时间为 10min、30min、60min 或更长。

2. UPS 的组成

UPS 主要由四部分组成：整流器、逆变器、蓄电池、静态旁路开关，如图 2-8-3 所示。

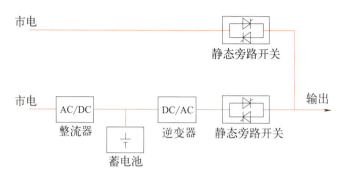

图 2-8-3　UPS 的组成框图

① 整流器：由可控硅三相全控整流桥功率电路和相应的控制电路组成。它将电源输入的交流电变换成直流电，供给电池组充电及逆变器的输入。

② 逆变器：由 IGBT 逆变功率电路和相应的控制电路组成。它将整流器输入及蓄电池的直流电变换为正弦交流电供给负载。

③ 蓄电池：将能量储存在电池组中，当主电失电时向逆变器释放能量，对负载提供不间断的供电。

④ 静态旁路开关：由反并联的可控硅开关电路和控制单元组成。控制单元时刻监控负载端和静态旁路输入端的电压，当逆变故障时，则不间断地把负载转向静态旁路供电。一旦逆变器输出电压恢复正常，则自动地转换到逆变器供电。

3. 常见 UPS 类型介绍

① 后备式 UPS：指 UPS 中的逆变器只在市电中断或欠压失常状态下才工作，向负载供电，而平时逆变器不工作，处于备用状态，如图 2-8-4 所示。当市电供电中断时，UPS 将蓄电池储存的电能通过逆变器变成交流电，输出给负载使用，在大部分时间，负载使用的是输入电源本身或经过简单处理的输入电源。后备式 UPS 电

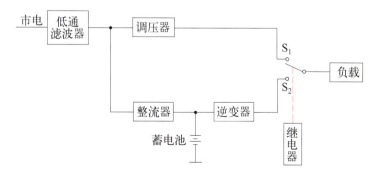

图 2-8-4　后备式 UPS 原理图

源的优点是：运行效率高、噪声低、价格相对便宜，主要适用于市电波动不大，对供电质量要求不高的场合。

② 在线式 UPS：在线式 UPS 电源的供电质量优于后备式 UPS 电源，市电供电正常时，负载得到的是一路稳压精度很差的市电电源；市电不正常时，逆变器 / 充电器模块将从原来的充电工作方式转入逆变工作方式，这时由蓄电池提供直流能量，经逆变、正弦波脉宽调制向负载送出稳定的正弦波交变电源，如图 2-8-5 所示。由此可见，不管市电正常或中断，在线式 UPS 的逆变器总是在工作。

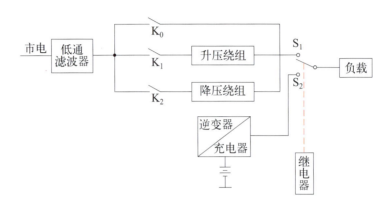

图 2-8-5　在线式 UPS 原理图

4. UPS 电源蓄电池充电方式

目前，UPS 电源的蓄电池充电方式主要有 6 种：恒流充电、恒压充电、快速充电、均衡充电、恒压限流充电、智能充电。

① 恒流充电：是用分段恒流的方法进行充电。特别适用于小电流长时间充电，也有利于容量恢复较慢的蓄电池充电。因恒流充电的变形是分段恒流充电，所以充电时为避免充电后期电流过大，应及时调整充电电流，严格按照充电电流的范围来操作。

② 恒压充电：是指每只单格蓄电池均以一恒定电压进行充电。初始充电电流相当大，随着充电的延续，充电电流逐渐减少，在充电终期只有很小的电流通过，充电时间短、能耗低。由于初始充电电流过大，对放电深度过大的蓄电池充电时，会引起初始充电电流急剧上升，易造成被充蓄电池过流或充电设备损坏。

③ 快速充电：是指在短时间内以大电流充电方法使蓄电池达到或接近充满状态的一种充电方式。快速充电也可称为迅速充电或应急充电，快速充电不产生大量的气泡也不发热，从而可缩短充电时间。

④ 均衡充电：是以小电流进行充电的过程。主要用来消除一组浮充电运行蓄电池在同样的运行条件下，由某种原因造成的全组电池不均衡而形成的差别，以达到全组电池的均衡。此方法一般不能频繁使用，但当蓄电池出现下列情况之一时，必须对其进行均衡充电：a. 蓄电池组长时间大电流放电，或长时间为直流负载供电后未及时充电时。b. 蓄电池个别单格电压、电解液密度偏低，全组电池产生差别时。

c. 没有按规定周期实施充、放电。

⑤ 恒压限流充电：主要是用来补救恒压充电时充电电流过大的缺点，通过充电电源和被充蓄电池之间串联一电阻来自动调节充电电流。当充电电流过大时，其限流电阻上的压降也大，从而减少了充电电压；当充电电压过小时，限流电阻上的压降也很小，充电设备输出的电压损失也小，这样就自动调节了充电电流，使之不超过某个限度。

⑥ 智能充电：是目前较先进的充电方法，原理是在整个充电过程中动态跟踪蓄电池可接受的充电电流。充电电源根据蓄电池的状态自动确定充电工艺参数，使充电电流自始至终保持在蓄电池可接受的充电电流曲线附近，保持蓄电池几乎在无气体析出的状态下充电，从而保护蓄电池。该方法适用于对各种状态、类型的蓄电池充电，安全、可靠、省时和节能。

5. UPS 电源蓄电池种类

UPS 电源常用的电池共有三种：开放型液体铅酸电池、镍铬电池、免维护蓄电池。

① 开放型液体铅酸电池：此类电池按结构可分为 8 ~ 10 年、15 ~ 20 年寿命两种。由于此类电池硫酸电解会产生腐蚀性气体，必须安装在通风并远离精密电子设备的房间，且电池房应铺设防腐蚀瓷砖。

由于蒸发的原因，开放电池需定期测量相对密度，加酸加水。此电池可忍受高温高压和深放电。电池房应禁烟并用开放型电池架。此电池充电后不能运输，因而必须在现场安装后充电，初充电一般需 55 ~ 90h。正常每节电压为 2V，初充电电压为 2.6 ~ 2.7V。

② 镍铬电池：此类电池不同于铅酸电池，电解时产生氢和氧而不产生腐蚀性气体，因而可安装在电子设备的旁边；且水的消耗很少，一般不需维护。正常寿命为 20 ~ 25 年，并不会因环境温度高而影响电池寿命，也不会因环境温度低而影响电池容量。但其价格远比前面提到的电池昂贵，初始安装的费用约为铅酸电池的三倍。一般每节电压为 1.2V，UPS 应用此类电池时需设计较高的充电器电压。

③ 免维护蓄电池：免维护蓄电池又名阀控式密封铅酸蓄电池，免维护蓄电池电解液的消耗量非常小，在使用寿命内基本不需要补充蒸馏水。市场上的免维护蓄电池有两种：第一种购买时一次性加电解液，使用中不需要添加补充液；第二种电池出厂时加好电解液并封死，用户不能加补充液。

免维护蓄电池充电时产生的水分解量少，且外壳采用密封结构，释放出来的硫酸气体也很少，所以与传统蓄电池相比，具有不需要添加任何液体、耐振、耐高温、体积小，电量储存时间长等特点，使用寿命一般为普通蓄电池的两倍。

大多数免维护蓄电池在盖上设有一个孔形液体密度计，它会根据电解液相对密度的变化而改变颜色，从而指示蓄电池的存放电状态和电解液液位的高度。

 **任务实施**

1. UPS 电源系统的日常维护

① UPS 电源在正常使用情况下，主机的维护工作很少，主要是防尘和定期除尘。特别是气候干燥的地区，空气中的灰粒较多，机内的风机会将灰尘带入机内沉积，会引起主机控制紊乱，造成主机工作失常，大量灰尘也会造成器件散热不好。一般每季度应彻底清洁一次。

② 储能电池组目前都采用了免维护蓄电池，免除了以往的测比、配比、定时添加蒸馏水的工作。但不正常工作状态对电池造成的影响没有变，这部分的维护检修工作仍是非常重要的，UPS 电源系统的大量维修检修工作主要在电池部分。

a. 储能电池的工作全部是在浮充状态，在这种情况下至少应每年进行一次放电。放电前应先对电池组进行均衡充电，以达全组电池的均衡。要清楚放电前电池组已存在的落后电池。放电过程中有一只达到放电终止电压时，应停止放电，继续放电先消除落后电池后再放。

b. 核对性放电。不是首先追求放出容量的百分之多少，而是要关注发现和处理落后电池，经对落后电池处理后再做核对性放电实验。这样可防止事故，以免放电中落后电池恶化为反极电池。

c. 平时每组电池至少应有 8 只电池作标示电池，作为了解全电池组工作情况的参考，对标示电池应定期测量并做好记录。

d. 日常维护中需经常检查的项目有：清洁并检测电池两端电压、温度；连接处有无松动、腐蚀现象，检测连接条压降；电池外观是否完好，有无壳变形和渗漏；极柱、安全阀周围是否有酸雾逸出；主机设备是否正常。

③ 当 UPS 电池系统出现故障时，应先查明故障部位，分清是负载还是 UPS 电源系统；是主机还是电池组。

④ 对于主机出现击穿、烧断保险或烧毁器件的故障，一定要在查明原因并排除故障后才能重新启动。

⑤ 当在电池组中发现电压反极、压降大、压差大和有酸雾泄漏现象的电池时，应及时采用相应的方法恢复和修复，对不能恢复和修复的要更换，但不能把不同容量、不同性能、不同厂家的电池连在一起，否则可能会对整组电池带来不利影响。

2. 电池使用和维护中的注意事项

① 密封电池可允许的运行范围为 15 ～ 50℃，但在 5 ～ 35℃之内使用时可延长电池寿命。在零下 15℃以下时，电池化学成分将发生变化而不能充电。在 20 ～ 25℃范围内使用时，电池将获得最高寿命。电池在低温下运行将获得长寿命但较低容量，在高温下运行将获得较高容量但短寿命。

② 电池寿命和温度的关系可参考如下规则，温度超过 25℃后，每高 8.3℃，电

池寿命将减一半。

③ 免维护蓄电池的设计浮充电压为 2.3V/节。12V 规格的电池的设计浮充电压为 13.8V。

④ 放电结束后，电池若在 72h 内没有再次充电。硫酸盐将附着在极板上绝缘充电，而损坏电池。

⑤ 电池在浮充或均充时，电池内部产生的气体在负极板电解成水，从而保持电池的容量且不必外加水。但电池极板的腐蚀将降低电池容量。

⑥ 电池隔板寿命在环境温度为 30 ～ 40℃时仅为 5 ～ 6 个月。长时间存放的电池每 6 个月必须充电一次。电池必须存放在干燥凉爽的环境下。在 20℃的环境下免维护电池的自放电率为 3% ～ 4% 每个月，并随温度变化。

⑦ 免维护电池都配有安全阀，当电池内部气压升高到一定程度时，安全阀可自动排除过剩气体，在内部气压恢复时安全阀会自动恢复。

⑧ 电池的周期寿命（充放电次数寿命）取决于放电率、放电深度和恢复性充电的方式，其中最重要的因素是放电深度。在放电率和时间一定时，放电深度越浅，电池周期寿命越长。免维护电池在 25℃ 100% 深放电情况下周期寿命约为 200 次。

⑨ 电池在到达寿命时表现为容量衰减，内部短路，外壳变形，极板腐蚀，开路电压降低。

⑩ IEEE（电气与电子工程师协会）定义电池寿命结束为容量不足标称容量 AH 的 80%。标称容量和实际后备时间呈非线性关系，容量减低 20% 相应后备时间会减低很多。一些 UPS 厂家定义电池的寿命终止为容量降至标称容量的 50% ～ 60%。

⑪ 绝对禁止不同容量和不同厂家的电池混用，否则会降低电池寿命。

⑫ 若两组电池并联使用，应保证电池连线，汇流排阻抗相同。

⑬ 免维护蓄电池意味着可以不用加液，但定期检查外壳有无裂缝，电解液有无渗漏等仍为必要的。

3. UPS 电源系统的使用注意事项

UPS 电源系统智能化程度高，储能电池采用了免维护蓄电池，这些虽给使用带来了许多便利，但在使用过程中还应在多方面引起注意，才能保证使用安全。

① UPS 电源主机对环境温度要求不高，但要求室内清洁、少尘，否则灰尘加上潮湿会引起主机工作紊乱。储能蓄电池则对温度要求较高，标准使用温度为 25℃，温度太低，会使电池容量下降。其放电容量会随温度升高而增加，但寿命降低。

② 主机中设置的参数在使用中不能随意改变。特别是电池组的参数，会直接影响其使用寿命，但随着环境温度的改变，对浮充电压要做相应调整。

③ 在无外电靠 UPS 电源系统自行供电时，应避免带负载启动 UPS 电源，应先关断各负载，等 UPS 电源系统启动后再开启负载。因负载瞬间供电时会有冲击电流，多负载的冲击电流加上所需的供电电流会造成 UPS 电源瞬间过载，严重时将损

坏变换器。

④ UPS 电源系统按使用要求使用时功率余量不大，在使用中要避免随意增加大功率的额外设备，也不允许在满负载状态下长期运行，否则可能会造成主机出故障，严重时将损坏变换器。

⑤ 自备发电机的输出电压、波形、频率、幅度应满足 UPS 电源对输入电压的要求，另外发电机的功率要远大于 UPS 电源的额定功率，否则任一条件不满，将会造成 UPS 电源工作异常或损坏。

⑥ 由于组合电池组电压很高，存在电击危险，因此装卸导电连接条、输出线时应采用安全保障措施，工具应采用绝缘措施，特别是输出接点应有防触摸措施。

⑦ 不论是在浮充工作状态还是在充电、放电检修测试状态，都要保证电压、电流符合规定要求。过高的电压或电流可能会造成电池的热失控或失水，电压、电流过小会造成电池亏电，这些都会影响电池的使用寿命，前者的影响更大。

⑧ 在任何情况下，都应防止电池短路或深度放电，因为电池的循环寿命和放电深度有关。放电深度越深、循环寿命越短。在容量试验中或是放电检修中，通常放电达到容量的 30% ～ 50%。

任务 2　消防装置维护

 职业鉴定能力

具备一定的消防装置保养维护能力。

 核心概念

消防设施是指火灾自动报警系统、自动喷水灭火系统、消火栓系统、防烟排烟系统以及应急广播和应急照明、安全疏散设施等。

 任务目标

会对各类消防设施设备进行维护与保养。

 素质目标

1. 提升电气设备故障检测与维护能力。

2.养成与他人密切配合的团结协作精神。

3.培养关心人民生命财产安全的家国情怀。

 任务引入

电气消防安全装置根据电气设施在运行过程中热辐射、声发射、电磁发射等现代物理学现象，对电气设施进行全方位的量化监测，更加全面、科学、准确地反映电气火灾隐患的存在、危险程度及其准确位置，并及时提出相应整改措施，从而消除隐患，避免电气火灾事故的发生。

点检任务：消防装置的日常保养与维护。

 知识链接

消防设备种类繁多，它们从功能上可分为三大类：第一类是灭火系统，包括各种介质，如液体、气体、干粉以及喷洒装置，是直接用于灭火的；第二类是灭火辅助系统，是用于限制火势、防止灾害扩大的各种设备，如防火门、防火墙、防火涂料等；第三类是信号指示系统，用于报警并通过灯光与声响来指挥现场人员的各种设备。这里介绍几种典型的消防设施设备。

1. 火灾自动报警系统

火灾自动报警系统是由触发装置、火灾报警装置以及具有其他辅助功能的装置组成的，如图 2-8-6 所示。它能在火灾初期，将燃烧产生的烟雾、热量、火焰等信息，通过火灾探测器变成电信号，传输到火灾报警控制器，并同时显示出火灾发生的部位、时间等，使人们能够及时发现火灾，并及时采取有效措施，扑灭初期火灾，最大限度地减少生命和财产的损失。

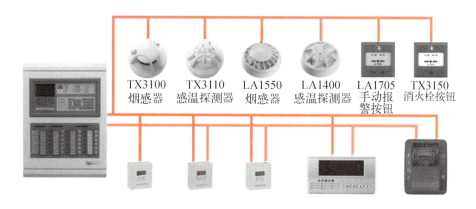

图 2-8-6 火灾自动报警系统

（1）火灾报警控制器

火灾报警控制器是火灾自动报警系统的心脏，如图 2-8-7 所示。火灾报警控制器按监控区域可分为区域型和集中型报警控制器。区域型报警控制器是负责对一个报警区域进行火灾监测的自动工作装置。一个报警区域包括很多个探测区域（或称探测部位）。一个探测区域可有一个或几个探测器进行火灾监测，同一个探测区域的若干个探测器是互相并联的，同一个探测区域允许并联的探测器数量视产品型号不同而有所不同，少则五六个，多则二三十个。集中型报警控制器与区域型报警控制器相连，用来处理区域型报警控制器送来的报警信号，常使用在较大型的系统中。

（2）烟感器

当室内（或局部）的烟雾或尘雾达到一定浓度时，烟感器会自动报警，起到预警的作用。常常使用的光电式烟感器，由光源、光电元件和电子开关组成。利用光散射原理对火灾初期产生的烟雾进行探测，并及时发出报警信号。按照光源不同，可分为一般光电式、激光光电式、紫外光光电式和红外光光电式等 4 种。报警器常采用 9V 层叠电池供电，耗电极微，持续工作时间长达一年以上。红色指示灯长亮（引起报警）或不亮（无电源）为不正常，闪烁时为正常，如图 2-8-8 所示。

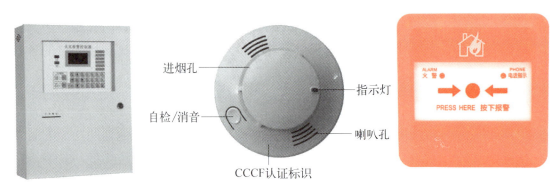

进烟孔
指示灯
自检/消音
喇叭孔
CCCF认证标识

图 2-8-7　火灾报
警控制器

图 2-8-8　烟感器及手动报警按钮

（3）手动报警按钮和消火栓按钮

手动报警按钮是火灾报警系统中的一个设备类型，上面有小圆圈，即报警按钮。发生火灾时，在火灾探测器没有探测到火灾的时候，人员手动按下手动报警按钮，将消防信号传到消防监控中心，报告火灾信号。

正常情况下，当手动报警按钮报警时，火灾发生的概率比火灾探测器要大得多，几乎没有误报的可能。因为手动报警按钮的报警触发条件是必须人工按下按钮启动。按下手动报警按钮后 3 ～ 5s，手动报警按钮上的火警确认灯会点亮，这个状态灯表示火灾报警控制器已经收到火警信号，并且确认了现场位置。

2. 自动喷水灭火系统

自动喷水灭火系统是由消防喷淋头、报警阀组、水流报警装置（水流指示器或压力开关），以及管道、供水设施组成，并能在发生火灾时喷水的自动灭火系统，如图 2-8-9 所示。

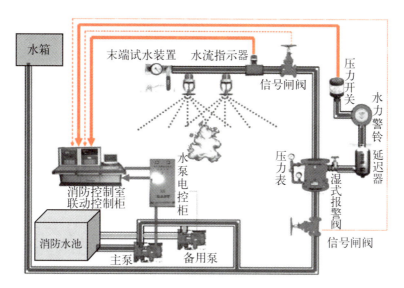

图 2-8-9　自动喷水灭火系统示意图

（1）消防喷淋头

消防喷淋头用于消防喷淋系统，当发生火灾时，水通过喷淋头溅水盘洒出进行灭火，对一定区域的火势起到控制作用。消防喷淋头分为下垂型洒水喷头、直立型洒水喷头、边墙型洒水喷头等，如图 2-8-10 所示。

(a) 下垂型洒水喷头　　(b) 直立型洒水喷头　　(c) 边墙型洒水喷头

图 2-8-10　喷淋头实物图

（2）湿式报警阀

湿式报警阀是湿式自动喷水灭火系统最核心的组件，如图 2-8-11 所示。水源从阀体底部进入，通过阀体自重关闭止回的阀瓣后，形成一个带有水压的伺服状态系统。高位压力表指示系统内压力，低位压力表指示系统外压力。当被保护区域发生火警，高温令喷头的温感元件炸开，喷头喷水灭火，系统内压力下降，阀瓣打开，水不断进入系统内，流向开启的喷头，持续喷水灭火。同时，少量水源由阀座内孔进入报警管道，经过滤器、延迟器，然后推动水力警铃报警。另外，压力开关被启动后，会发出电信号并启动喷淋泵。

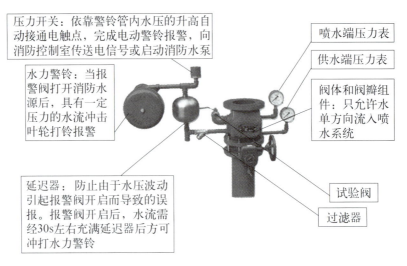

图 2-8-11　湿式报警阀

3. 水流指示器

水流指示器安装在每层的横干管或分区干管上，当某区域喷头喷水时，水管中的水流推动指示器的桨片，通过传动组件，令微动开关动作，使其触点接通，信号传至消防控制主机，如图 2-8-12 所示。

4. 信号闸阀

信号闸阀如图 2-8-13 所示，通常安装在每层的横干管或分区干管上。当逆时针转动手轮，开启到流量小于全开流量 80% 时，输出"断"信号。当开启到流量大于或等于全开流量 80% 时，输出"通"信号。其正常状态应为通。

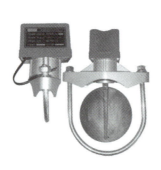

图 2-8-12　水流指示器

图 2-8-13　信号闸阀

 任务实施

1. 火灾自动报警系统维护检查项目及内容

① 火灾自动报警主机：火灾报警自检功能；消音、复位功能；故障报警功能；火灾优先功能；报警记忆功能；电源自动转换功能和备用电源的自动浮充电功能；

备用电源的欠压和过压报警功能。

②检查火灾探测器灵敏度及地址指示。

③试验自动喷水灭火系统管网上的火灾报警装置的声光显示。

④试验自动喷水灭火系统管网上的水流指示器、压力开头等报警功能、信号显示。

⑤对备用电源进行1～2次充放实验；1～3次主电源和备用电源自动切换实验。

⑥用自动或手动检查下列消防控制设备的控制显示功能；防排烟设备、电动防火阀、电动防火门、防火卷帘等的控制设备；室内消火栓、自动喷水灭火系统的控制设备；火灾事故广播、火灾事故照明灯及疏散指示标志灯。

⑦强制消防电梯停于首层实验。

⑧对于消防通信设施，应在消防控制室内进行对讲通话试验。

⑨检查所有转换开关，强制切断非消防电源功能试验。

2. 自动喷水灭火系统维护检查项目及内容

（1）水源及水泵

检查消防水池的水位，能保持消防用水量，水位标尺能正常工作；水池内各种阀门处于正常状态；无受冻的可能；检查消防水箱的水量应能满足要求；气压水罐能保证水量和水压；自动控制系统能正常工作；检查水泵能正常运转；流量和压力能保证；电动机、内燃机驱动的消防水泵运行可靠；检查附近的室外消火栓使用应便利；通过试水装置检查给水系统流量、压力应符合设计要求。

（2）系统各组件

检查水源控制阀、报警阀组外观，保证系统处于正常状态；对报警阀进行试验，观察阀门开启性能和密封性能及水力警铃、延迟器等的性能，如发现阀门开启不畅或密封不严，可拆开阀门检查，视情况调换阀瓣并检查其密封性；检查报警阀前、后压力表指示应正常；检查系统所有控制阀门采用铅封或锁链固定在开启或固定状态；检查消防水泵的接口及附件，保证接口完好，无渗漏，闷盖齐全。

（3）管网部分

检查管道应无松脱、变形、损坏、锈蚀；检查各支吊架的固定应无松动；检查管路有无沉淀物，如有污物，应对管路进行冲洗，防止造成喷头堵塞、报警阀关闭不严、水力警铃输水管堵塞；检查各喷嘴应无锈蚀、缺陷、损伤、异物。

（4）系统功能动作试验

以自动或手动方式启动消防水泵时，消防水泵应在5min内投入正常运行；以备用电源切换时，消防水泵应在1.5min内投入正常运行；在湿式报警阀的试水装置处放水，报警阀应及时动作；水力警铃应在延时不超过90s内发出报警信号，水流指示器应输出报警电信号，压力开关应通电并报警，并启动消防水泵；开启系统试验阀后，干式报警阀的启动时间、冲动点压力、水流到试验装置出口所需时间应符合要求。当差动型报警阀上室和管网的空气压力降至供水压力的 1/8 以下时，试水装置处应能连续出水，水力警铃应发出报警信号；采用专用测试仪器或其他方式，对火灾自动报警系统的各种探测器输入模拟火灾信号，火灾自动报警控制应发出声光报警信号并启动自动喷水灭火系统。

任务 3　空调系统维护

🔄 职业鉴定能力

具备一定的空调保养维护和故障检测能力。

👥 核心概念

空调是指用人工手段，对建筑或构筑物内环境空气的温度、湿度、流速等参数进行调节和控制的设备。

📚 任务目标

掌握空调构成与性能及基本原理，会对空调设施进行维护与保养。

📋 素质目标

1. 提升电气设备故障检测与维护能力。
2. 养成与他人密切配合的团结协作精神。
3. 培养关心人民生命财产安全的家国情怀。

📖 任务引入

空调一般包括冷源、热源设备和冷热介质输配系统，利用输配来的冷、热量，具体处理空气状态，使目标环境的空气参数达到一定的要求。空调是现代生活中人们不可缺少的一部分。

点检任务：空调的日常保养与维护。

知识链接

1. 空调的基本知识

空气调节器是对密闭空间、房间或区域里空气的温度、湿度及空气流动速度等参数进行调节和控制，以满足一定的要求的装置，包括制冷系统、通风系统、电气控制系统三部分，如图 2-8-14 所示。

空调器根据换热方式可分为风冷型、水冷型。

空调器根据压机适应负荷可分为定负荷、变负荷。其中变负荷又可分为转速可控型（变频空调器）、容量可控型（变容空调器）。

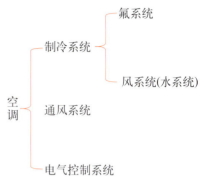

图 2-8-14　空调的组成

2. 空调系统工作原理

（1）制冷循环基本原理

进行制冷运行时，来自室内机蒸发器的低温低压制冷剂气体被压缩机吸入压缩成高温高压过热气体，排入室外机冷凝器，通过室外轴流风扇的作用，与室外的空气进行热交换而成为中温高压的制冷剂饱和液体，经过毛细管（节流阀、电子膨胀阀等节流机构）的节流降压、降温形成低温低压气液两相态后进入蒸发器，在室内机贯流风扇作用下，与室内需调节的空气进行热交换而成为低温低压的制冷剂气体，再被压缩机吸入，如此周而复始地循环而达到制冷的目的。制冷循环示意图如图 2-8-15 所示。

（2）制热循环基本原理

进行制热运行时，电磁四通换向阀动作，使制冷剂按照制冷过程的逆过程进行循环。制冷剂在室内机换热器中放出热量，在室外机换热器中吸收热量，进行热泵制热循环，从而达到制热的目的，如图 2-8-16 所示。

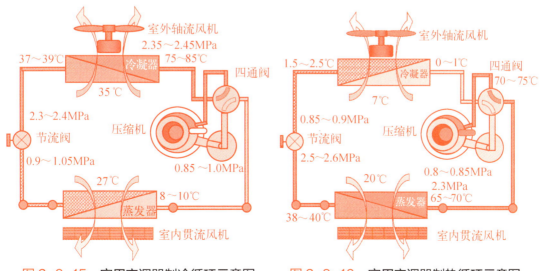

图 2-8-15　家用空调器制冷循环示意图　　图 2-8-16　家用空调器制热循环示意图

3. 空调器各零部件的功能

（1）压缩机

压缩机是空调器制冷系统的心脏，系统中制冷剂的流动或循环，是靠压缩机的运转来实现的，是空调噪声、振动的主要产生源。

常用的压缩机有活塞式、转子式、涡旋式、螺杆式和离心式等。

家用空调器中常用的压缩机有转子式（单转子、双转子）、涡旋式和活塞式。

螺杆式、离心式压缩机主要用于中央空调。

（2）制冷剂

制冷剂是在制冷装置中进行制冷循环的工作物质、空调中热量传递转移的媒介。

① 具有优良的热力学特性（临界温度高、饱和压力低、沸点低、比热容小、绝热指数低等）。

② 具有优良的热物理性能（较低的黏度，高的热导率，大的汽化潜热）。

③ 具有良好的化学稳定性。

④ 与润滑油有良好的兼容性。

⑤ 无毒性，不可燃、不可爆，无腐蚀性。

⑥ 有良好的电气绝缘性。

⑦ 经济性。

⑧ 环保性。要求工质的臭氧消耗潜能值（ODP）与全球变暖潜能值（GWP）尽可能小，以减小对大气臭氧层的破坏。

（3）热交换器

热交换器包括室内热交换器（蒸发器）和室外热交换器（冷凝器）。

制冷剂与空气之间的热量传递是通过热交换器的铜管管壁和翅片来进行的，加上风机的转动加快换热的效果。

制冷剂从蒸发器通过时，吸收室内的热量，被压缩机吸入压缩排出；经过冷凝器时，在室外放出热量，节流后再进入蒸发器循环。当空调作为热泵功能时，正好相反。

（4）四通阀

四通阀的作用是在同一台空调器中实现制冷与制热的模式切换。

四通阀由先导阀、主阀、电磁线圈三个部分组成。电磁线圈可以拆卸，先导阀与主阀焊接成一体。

（5）节流部件

因为节流部件的孔径小，冷媒流经时受到其摩擦的阻力，达到了降温降压的作用。

节流装置有毛细管、电子膨胀阀、热力膨胀阀；大部分机型使用毛细管，部分变频机用电子膨胀阀；毛细管是以内径和长度形状来控制冷媒流量的；电子膨胀阀则通过改变开度来调节流量。

任务实施

1. 空调冷水机组维护保养工作内容

（1）一级保养

周期：运行季内 2 次。检查机组地脚螺栓有无松动，机组有无异常振动及噪声，如有应立即进行处理。用氟利昂电子检漏仪检测机组有无氟利昂渗漏，当表明有渗漏时，应立即采取措施止漏，之后提交维修计划。检查氟利昂充注量，其液位应位于氟利昂视镜中间，必要时做适当调整或提出氟利昂补充计划。检查油压是否正常，油过滤器压差大于 20PSIG（0.138MPa）时，提出更换油过滤器计划并检查回油系统的工作状况，回油温度（轴承温度）应在允许范围内。检查油位是否位于上视镜中间，出现油位低应立即提出补充冷冻机油计划，且应立即实施。检查电控柜、启动柜内元器件，导线及线头有无松动或异常发热现象，发现问题立即处理。检查机组各项运行参数和电脑控制中心工作程序。

（2）二级保养

周期：半年（运行季 1 次）。检查回油系统，发现问题并提出更换干燥器、油过滤器、冷冻机润滑油计划。检查主机操作及机组运行参数，检查电脑板工作程序，对有关元件做适当调整。检查润滑系统，油过滤器压差大于 20PSIG（0.138MPa）时，提出更换油过滤器、冷媒滤芯及冷媒过滤网计划。检查轴承磨损情况，轴承如有磨损，有时会有异常振动及轴承温升高等现象，应提交维修计划。检查压缩机电机，检测绝缘电阻，压缩机绝缘电阻不应小于兆欧级。检查氟利昂充注量，其液位应位于氟利昂视镜中间，必要时做适当调整或提出氟利昂补充计划。检查蒸发器、冷凝器换热铜管污垢情况，如果铜管结垢严重应采用机械方法除垢清洗。保养启动控制柜和电气线路，彻底清除导线、控制元件、传感器、电控箱内的尘埃和污物，并拧紧各加固螺栓及端子排压线螺钉。

2. 空调冷却塔保养标准

（1）一级保养

周期：运行季内 2 次。检查冷却塔是否正常工作，连接螺栓有无松动锈蚀。检查管道、浮球阀及自动电动阀门运行有无故障，是否有跑水现象。检查喷嘴是否堵塞，保持淋水装置的清洁。根据循环水浊度确定是否需要更换，清洗集水池内的污物。清洗填料及集水盘。检查电机的防潮情况和风叶旋转是否灵活，风机和电机的轴承温升不得超过 40℃。检查风机及布水器、传动带等情况。及时修复集水盘漏水及各种进出水阀门的故障。

（2）二级保养

周期：运行季内 1 次。冷却塔水箱内由于受空气污染物质的影响，会堆积一些污垢，必须进行认真的清扫，用清水冲洗水箱内堆积的污泥。检查水箱内是否有损

伤的部分和有无漏水的地方，如有漏水要认真修补。冷却塔的风机一般采用轴流风机，风机和电动机在高温、高湿的环境中工作，必须认真检查。有拆修必要的提出拆修计划；对轴、轴承、皮带的咬合进行认真的调整。冷却塔填充材料的材质，一般使用涂有氯乙烯的材料，由于和冷却水、空气长期接触，填充材料粘附有污垢，要用高压水冲洗，注意不要损坏填充材料。填充材料与空气和冷却水接触，积有一些污垢使部分小孔不通水，要用高压水冲洗被堵塞的小孔。检查浮球阀或球形阀动作和功能是否可靠，必要时，提出浮球阀或球形阀更换计划，确保补水装置在使用中正常动作。对水系统管道应做除锈防锈处理，保温材料有破损脱落处，及时修补，有故障的阀门应提出拆修或换新计划，对管道水过滤器的垃圾网拆下清洗除垢。冬季时根据地理位置，判断是否将管路循环水全部排出，避免冬季结冰造成管道龟裂。

任务4　起重设备点检

职业鉴定能力

具备一定的起重设备保养维护的能力。

核心概念

起重设备是指在一定范围内垂直提升和水平搬运重物的多动作起重机械，又称吊车，属于物料搬运机械。

任务目标

掌握常见的各类起重设备的组成及原理，会对起重设备进行维护与保养。

素质目标

1. 提升电气设备故障检测与维护能力。
2. 养成与他人密切配合的团结协作精神。
3. 培养关心人民生命财产安全的家国情怀。

任务引入

起重设备是工业、交通、建筑企业中实现生产过程机械化、自动化，减轻繁重的体力劳动，提高劳动生产率的重要工具和设备，在我国已拥有大量的各式各样的起重设备，对其维护保养及安全运行显得更为重要。

点检任务：

① 起重设备的日常点检。

② 起重设备的维护与保养。

知识链接

起重设备按结构形式分，主要有轻型、桥架式、臂架式、缆索式。

1. 轻型起重设备

轻型起重设备有电动葫芦、手拉葫芦、环链电动葫芦、微型葫芦等，如图 2-8-17 所示，其结构轻巧、紧凑，自重轻，体积小，零部件通用性强。

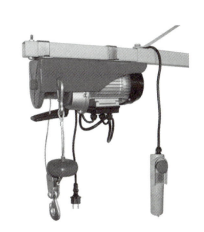

(a) 环链电动葫芦　　　　(b) 手拉葫芦　　　　(c) 微型葫芦

图 2-8-17　各类轻型起重设备

2. 桥架式起重设备

桥式起重机设备在国内外工业与民用建筑中使用最为普遍，它架设在建筑物固定跨间支柱的轨道上，用于车间、仓库等处，在室内或露天做装卸和起重搬运工作，工厂内一般称其为行车。

通用桥式起重机一般由桥架、大车运行机构、起重小车、电气部分等组成，如图 2-8-18 所示。

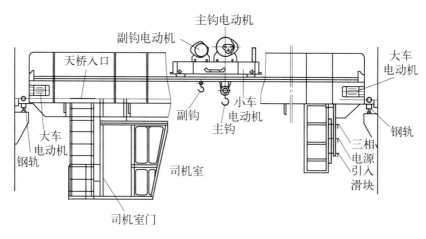

图 2-8-18 桥式起重机的主要结构

（1）桥架

包含主梁、端梁、小车运行轨道、栏杆、走台、司机室等，如图 2-8-19 所示，是整个起重机的基础构件。主梁多采用工字型钢或型钢与钢板的组合截面，承受各种载荷，应具有足够的刚度和强度。强度为抵抗断裂的能力，刚度为抵抗变形的能力。

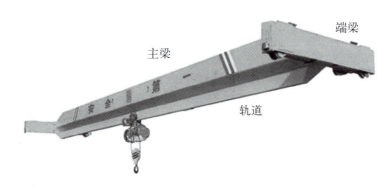

图 2-8-19 桥架

（2）大车运行机构

由车轮、电机、减速器、制动器等组成，向驱动车轮提供驱动力，使整个起重机沿着固定的轨道实现水平方向的运行，如图 2-8-20 所示。

（3）起重小车

起重小车常为手拉葫芦、电动葫芦或用葫芦作为起升机构部件装配而成，如图 2-8-21 所示，安装于桥架上，其结构包括起升机构、小车运行机构和起重小车架。起升机构实现货物的升降；小车运行机构驱动起重小车沿桥架上的轨道水平横向运行；小车架支承整个小车，承受载荷。

3. 起重设备主要技术参数

起重设备的参数是表征起重设备工作性能的技术指标，也是设计、使用和检验

图 2-8-20　大车运行机构

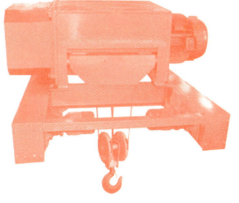

图 2-8-21　起重小车

起重设备的依据。掌握有关参数，对保证起重设备的运行安全至关重要。起重设备主要参数有：起重量、幅度、起升高度、工作速度、工作级别等。性能参数说明起重设备的工作性能和技术经济指标，是生产中起重设备安全技术要求的重要依据。

（1）起重量

起重机起吊重物的质量称为起重量，单位为 kg 或 t。起重机在各样工况下安全作业所允许的起吊重物的最大质量叫额定起重量，额定起重量随着幅度的加大而减少。起重机标牌上标定的起重量一般都是指额定起重量。起重量规定包含吊钩、抓斗或电磁吸盘的质量。

起重量是起重机的主要技术参数，为了适应各部门的需要，同时考虑到起重机品种发展实现标准化、系列化和通用化，国家对起重机的起重量制定了系列标准。在选定起重量时，应使其符合我国起重机械系列标准和交通行业标准的规定。

（2）幅度

幅度是指起重机吊具伸出起重机支点以外的水平距离，单位为米（m）。不同形式的起重机往往采用不同的计算起点。对旋转臂架起重机，其幅度是指旋转中心线与取物装置铅垂线之间的水平距离。对非旋转的臂架起重机，其幅度指吊具中心线至臂架后轴或其他典型轴线之间的水平距离。

（3）起升高度

指起重设备将额定起重量起升的最大垂直距离，单位为米（m）。下降深度指起重设备吊具最低工作位置与水平支撑面之间的垂直位置。在标定起重机性能参数时，往常以额定起升高度表示。额定起升高度是指满载时吊钩上升到最高极限点时自吊钩中心至地面的距离。在起重机基本参数系列标准中，对各类吨位级起重机的起升高度均做了相应的规定。

（4）工作速度

指起重机的各工作机构包括起升、变幅、回转、运行机构在额定荷载下稳定运行的速度，单位为米 / 分（m/min）。

一般来说，起重机工作效率与各机构工作速度有直接关系。当起重机工作时，速度高，生产率也高。但速度高也带来一系列不利因素，如惯性增大，启动、制动时需要的动力载荷增大，进而机构的驱动功率和构造强度也要相应增大。所以，起重机工作速度选择合理与否，对起重机性能有很大影响，要全面考虑。

（5）工作级别

工作级别是表明起重机及其机构工作繁忙程度和载荷状态的参数。把起重机及其机构根据不同情况划分为不同的工作级别，目的是为合理地设计、制造和选用起重机及其零部件提供一个统一的基础。

根据我国起重机设计规范（GB/T 3811—2008），起重机及其机构的工作级别是按它们的利用等级和载荷状态来划分的。利用等级反映工作的繁忙程度，起重机及其机构的载荷状态表明它们经常受载的轻重程度，均分为轻、中、重、特重四级，起重机工作级别按主起升机构确定，分 A1 至 A8 共八个级别，A1 ～ A3——轻；A4、A5——中；A6、A7——重；A8——特重。

 **任务实施**

1. 起重设备的点检巡查项目

（1）电机部分

检查项目主要包括：①润滑脂是否渗漏；②油盒是否变色；③电机温度；④冷却风扇；⑤运转声音是否正常。

（2）操作台

检查项目主要包括：①灯头；②报警装置是否完善；③按钮、手柄灵活性检查；④电试验。

（3）集电器

检查项目主要包括：①滑块、滑线磨损情况；②滑线和集电器支架是否变形。

（4）接触器

检查项目主要包括：①外观检查；②电磁响声检查；③发热检查；④灭弧罩系统检查；⑤触头系统检查；⑥电磁系统检查；⑦辅助系统检查。

（5）保护功能检查

①各种限位保护可靠性检查；②各种过流保护完好性检查；③防撞装置检查。

（6）控制屏柜

检查项目主要包括：①密封是否良好；②柜内卫生是否整洁；③柜内变频器运转情况检查；④变频器冷却风扇检查；⑤柜内电气元件检查。

（7）电阻箱

检查主要包括：①接线牢固性检查；②外观检查。

（8）空调

检查主要包括：①室内、室外机散热片清理及制冷情况；②电气元件的检查。

2. 起重设备维护保养

① 起重设备属于国家强制管理设备，为确保安全运行要持证上岗作业。

② 对金属结构的重要部位，如：主梁、主梁主要焊缝、主梁与端梁连接处均应定期检查。

③ 对起重机桥架、主要金属构件，应 3～5 年重新涂漆保养。在每次起重机大修理时，必须对整个金属构件进行全面涂漆保养。

④ 为保证起重机械经常处于良好的运行状态，延长其使用寿命，要对起重各部位进行定期润滑。

⑤ 使用单位必须对起重机械的金属结构、机械部分和电气部分进行日常维修保养，其保养工作由有资格的人员进行。

⑥ 在日常维护中，发现有异常现象，必须及时处理，消除隐患，确保安全运行。

⑦ 使用单位在设备安全检验合格有效期届满前 1 个月向特种设备检验检测机构提出定期检验要求，检验合格后方可使用。

实训篇

机 械 单 元

实训1 机械元器件认知识别

 实训目的

认识常见机械零件，掌握其原理和特点，并能够在实际操作中正确应用。

 点检要点

机械元件按照其功能和用途可分为：连接元件、传动元件、转动支撑元件、导向与定位元件。下面分别介绍几种常见的机械元件的类型、特点及应用。

1. 齿轮

齿轮是用于将扭矩从一个组件传递到另一个组件的旋转机械元件，其广泛应用于各种机械传动系统中，包括汽车、航空、轨道交通、工程机械、船舶、风力发电、机器人等领域。常用的齿轮有直齿轮、斜齿轮、锥齿轮等。

2. 传动带

带传动是利用传动带与轮缘之间的摩擦力传递动力的一种机械传动方式。传动带在牵引轮缘的作用下运转，将动力传递给被传动设备。带传动具有传动平稳、传动扭矩大、安装简单、传动效率高等优点，但也存在摩擦损耗大、传动精度低、温度敏感等缺点。按照几何形状可分为：V 形带轮、U 形带轮、平面带轮、齿形带轮等。

3. 刚性联轴器与弹性联轴器

刚性联轴器是指轴系中无弹性和挠性，可以同时传递推力和扭矩的联轴器。它是轴用法兰或套筒锁定的联轴器，主要用于轴完全对中的情况。

弹性联轴器是一体成型的金属弹性体，通常由金属圆棒线切割而成，常用的材质有铝合金、不锈钢、工程塑料，适合于补偿各种偏差和精确传递扭矩。

4. 轴承

轴承是指用于支撑机械旋转部件的装置，按照结构分为：深沟球轴承、圆锥滚子轴承、调心滚子轴承、角接触球轴承、推力球轴承。轴承的用途：降低能量损失、保证机械运转平稳、承受负荷、提高机械设备的效率、延长机械设备的寿命。

实操考核

在智能机电设备点检实训考核系统（图 3-1-1）中，选择机械考核区域内"传动轴"对应的编号，将其结果输入触摸屏中并确定。

回答（具体请扫描二维码观看）：

找到陈列柜（图 3-1-2）上"传动轴"的编号为 002，在考核系统中选择对应的编号 002，单击确定。

图 3-1-1　机械元器件认知

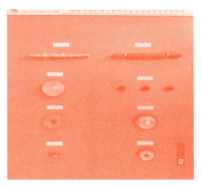

图 3-1-2　陈列柜

实训 2　机械图纸认知

实训目的

掌握机械图纸的基本知识，能够识别视图、剖面图和尺寸标注。

点检要点

1. 视图识别

机械图纸通常使用多种视图来表达物体的形状和细节。常见的视图（图 3-1-3）包括：主视图、俯视图、侧视图、后视图、仰视图，视图遵循正投影法则，通过垂直投影线连接各视图的位置，使得各视图之间的关系明确。

2. 剖面图识别

剖面图用于展示物体内部的结构，通过假想将物体切割开来，显示内部的构造。常见的剖面图有：全剖面图、半剖面图、局部剖面图、剖视图，如图 3-1-4 所示。剖面图的剖切位置通常用剖面线或剖切符号标示在其他视图上，并标注剖切位置和方向。

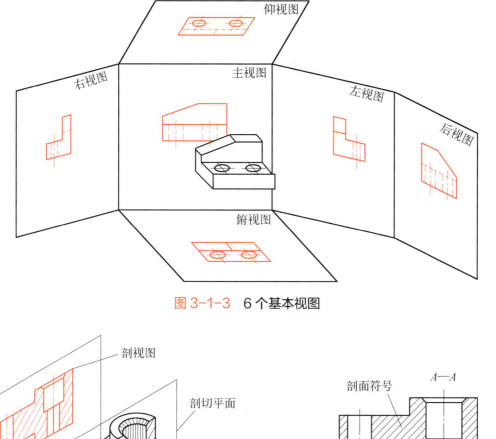

图 3-1-3 6 个基本视图

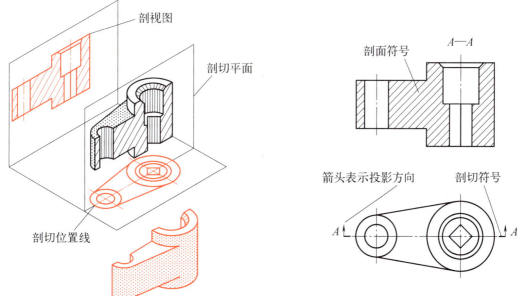

图 3-1-4 全剖面图、半剖面图、局部剖面图、剖视图

3. 尺寸标注

　　尺寸标注是机械图纸的重要组成部分，确保零件可以按设计要求制造。尺寸标注的基本要点包括：尺寸线和延长线、尺寸数字、公差标注、基准标注、角度标注、注释和符号，如图 3-1-5 所示。

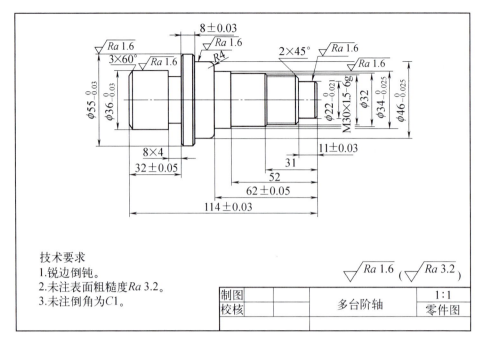

图 3-1-5　多台阶轴零件图

实操考核

识读齿轮轴零件图，如图 3-1-6 所示，找出图中齿轮轴的长度、最大直径、最小直径以及图中有几处剖视图。

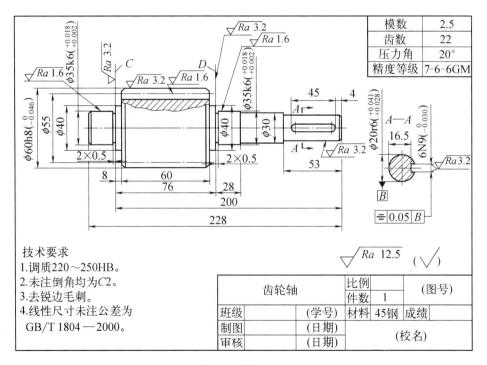

图 3-1-6　齿轮轴零件图

回答：

通过识读齿轮轴零件图，分析得出的信息如下。

① 齿轮轴全长 228mm。

② 齿轮轴最大直径 ϕ60mm。

③ 齿轮轴最小直径 ϕ20mm。

④ 齿轮轴零件图中有一处局部剖视图，一处全剖视图。

实训 3　螺栓连接

 ## 实训目的

掌握在实际工作中对法兰螺栓连接进行检查和维护的技能，确保连接的安全性和可靠性。

 ## 点检要点

螺栓的松动会导致螺栓和被连接件所受的应力发生变化，从而导致设备异常振动、劣化，甚至引发设备故障。点检人员对设备进行点检作业，采取早期防范设备劣化的措施，使设备的故障消灭在萌芽状态之中。螺栓点检要点如下。

① 一般用锤子对螺栓进行点检，正确的方法是手握柄端敲打螺母的横面，如图 3-1-7 所示。如果是拧紧的状态，会发出清脆的声音，手也会受到振动；如果是松动的情况，会发出浑浊的声音，手感受不到振动。

② 发现螺栓松动的点检方法，最简单的就是使用记号。如图 3-1-8 所示，在检修完成后，用油漆做好记号，以后根据记号判别松动的情况。但此方法不能判断螺栓拉长松动的情况。

  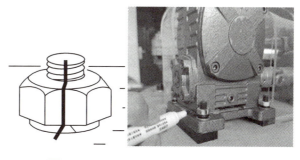

图 3-1-7　用点检锤对螺栓进行点检　　　图 3-1-8　用油漆在螺栓上做标记

③ 设备发生低频振动时，首先要想到螺栓是否松动。运用测振仪检测设备振动时，当振动加速度没有明显变化而振动速度值增加时，如果不能马上停止设备，应

首先检查和紧固螺栓，再做进一步的观察和诊断。

 **实操考核**

请在智能机电设备点检实训考核系统中，对实物蜗杆减速机的地脚螺栓的连接状态进行点检，根据实际状态做好标记。

回答（具体请扫描二维码观看）：

选用点检锤，对实物蜗杆减速机地脚螺栓的连接状态进行检查，发现有一个螺栓连接松动，并做好标记。

实训 4　抱闸制动器调整

 实训目的

掌握抱闸制动器的结构、工作原理及调整方法，确保在实际工作中能够正确地进行抱闸制动器的维护和调整，从而保证设备的安全运行。

 点检要点

起重机抱闸制动器安装在电动机的转轴上，用来制动电动机的运转，使其运行或起升机构能够准确可靠地停在预定的位置上。

1. 抱闸制动器外观点检

查看起重机抱闸制动器的外观，是否存在明显的磨损、裂纹、变形等问题。检查抱闸制动器的螺栓、销子等紧固件是否松动，如有松动，及时紧固。

2. 抱闸制动器磨损点检

检查起重机抱闸制动器制动片、制动盘和制动鼓的磨损程度，确保其在安全范围内。

3. 抱闸制动器动作点检

检查起重机抱闸制动器在起升、下降、左右移动等各个方向上的动作是否灵活，无卡滞现象，如有问题应及时处理。

4. 抱闸制动器线路系统点检

检查起重机抱闸制动器线路系统的工作情况，包括制动灯的亮度、制动开关的灵敏度等，确保制动信号的正常传输。

5. 抱闸制动器噪声和振动点检

检查制动器的噪声和振动情况，确保制动器在制动时不会产生异常噪声和振动。

实操考核

在智能机电设备点检实训考核系统中，请将制动器调整到图 3-1-9 所示的状态。

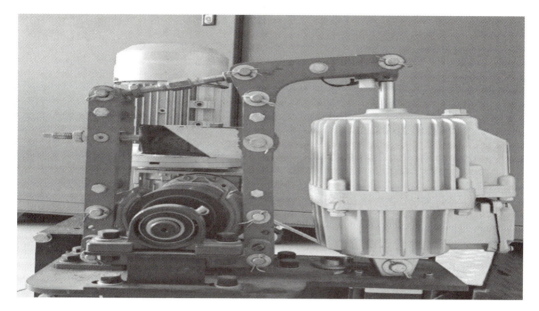

图 3-1-9　抱闸制动器

回答（具体请扫描二维码观看）：

从工具车上选取正确的工具，将系统中的实物抱闸制动器调整到题目要求的状态。

动画扫一扫

电气单元

实训1 常用电气符号认知识别

 实训目的

掌握和理解各种常用电气符号及其代表的元件和功能，能够准确理解每个符号的含义和应用。

 点检要点

1. 电气符号的基本构成与逻辑

电气符号首先由电气图形符号和电气文字符号两个重要部分构成。电气文字符号一般由单字母或者双字母构成，用来表示各种电气设备、装置或者元器件；电气图形符号一般由一般符号、限定符号、方框符号以及标记或字符构成。

2. 电气符号的规范与意义

常用电气符号的分类（电源符号、开关符号、接地符号、电动机符号、继电器符号、仪表符号等）、图形特征（圆形、方形、三角形、实线、虚线、点画线等）、组合与变体、符号含义等，见表3-2-1。

表3-2-1　电气控制电路中常用图形符号和文字符号

名称	图形符号	文字符号	说明
交流电源三相	—	L_1 L_2 L_3	交流电源第一相 交流电源第二相 交流电源第三相
交流设备三相	—	U V W	交流设备第一相 交流设备第二相 交流设备第三相
直流系统 电源线	—	L+ L−	直流系统正电源线 直流系统负电源线

续表

名称	图形符号	文字符号	说明
接地		PE	接地，一般符号
			保护接地
			保护等电位联结
			外壳接地
			屏蔽层接地
			接机壳、接底板
电动机		M 或 G	电动机的一般符号 符号内的星号"*"用下述字母之一代替：C—旋转变流机；G—发电机；GS—同步发电机；M—电动机；MG—能作为发电机或电动机使用的电机；MS—同步电动机
		M	步进电机
		M	三相笼形异步电动机
		M	三相绕线式转子异步电动机
按钮		SB	具有动合触点且自动复位的按钮开关
			具有动断触点且自动复位的按钮开关
			复合按钮
行程开关		SQ	动合触点

续表

名称	图形符号	文字符号	说明
行程开关		SQ	动断触点
			复合触点，对两个独立电路作双向机械操作
接触器		KM	接触器线圈
			接触器的主动合触点
			接触器的主动断触点
			接触器的辅助触点
电磁式继电器		KA	中间继电器线圈
	$U<$	KV	欠电压继电器线圈
	$U>$		过电压继电器线圈
	$I>$	KI	过电流继电器线圈
	$I<$		欠电流继电器线圈
		相应继电器线圈符号	常开触点
			常闭触点

续表

名称	图形符号	文字符号	说明
时间继电器		KT	线圈一般符号
			延时释放继电器的线圈
			延时吸合继电器的线圈
			当操作器件被吸合时延时闭合的动合触点
			当操作器件被释放时延时断开的动合触点
			当操作器件被吸合时延时断开的动断触点
			当操作器件吸合时延时闭合，释放时延时断开的动合触点
			瞬时闭合常开触点以及瞬时断开常闭触点
热继电器		FR	热继电器线圈
			热继电器常闭触点
速度继电器		KS	速度继电器转子
			速度继电器常开触点
			速度继电器常闭触点

续表

名称	图形符号	文字符号	说明
熔断器		FU	熔断器一般符号
断路器		QF	断路器
隔离开关		QS	隔离开关
普通刀开关		Q	普通刀开关
灯和信号装置		EL	照明灯一般符号
		HL	信号灯一般符号 如果要求指示颜色则在靠近符号处标出下列代码：RD—红；YE—黄；GN—绿；BU—蓝；WH—白。 如果要求指示灯类型，则在靠近符号处标出下列代码：Ne—氖；Xe—氙；Na—钠气；Hg—汞；I—碘；IN—白炽；ARC—弧光；FL—荧光；IR—红外线；UV—紫外线；LED—发光二极管
	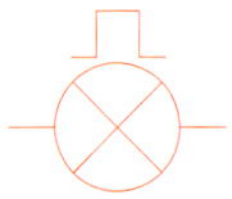	HL	闪光信号灯
		HA	电铃
		HZ	蜂鸣器
指示仪表		PV	电压表
		PA	检流计

🧑‍🤝‍🧑 实操考核

请在智能机电设备点检实训考核系统中选择"PNP半导体管"电气符号，然后单击确定按钮，如图3-2-1所示。

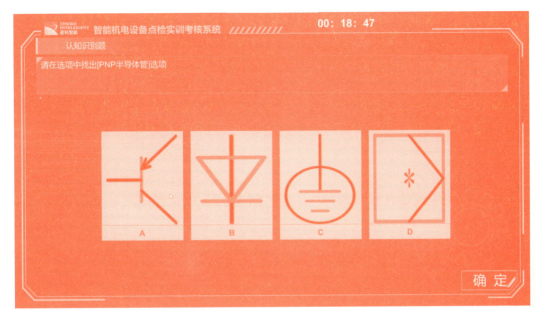

图 3-2-1　常用电气符号识别

回答（具体请扫描二维码观看）：

单击图片（图 3-2-1）中的 A 选项"PNP 半导体管"，然后单击确定按钮。

实训2　电气图纸认知

 实训目的

了解电气图纸背后的设计理念和设计规范，掌握电气系统的整体结构和工作原理；了解各部分如何协同工作，掌握电气系统的整体结构和工作原理；学会根据电气图纸进行故障排查和解决，提高问题解决能力。

 点检要点

1.电气图纸的种类与用途

①原理图：描述电气系统的工作原理和各电气元件的连接关系。

②接线图：显示各电气元件的实际接线方式，适用于施工和维护。

③布局图：展示设备和线路的物理布局，用于安装和空间规划。

④系统图：概括性地描述整个电气系统的结构和主要电气元件的连接。

2.线条类型与连接方式

线条类型：了解不同类型线条（实线、虚线、点画线等）的意义。

连接方式：掌握电气元件的不同连接方式（串联、并联、混联等）和其电气特性。

3. 系统理解

功能模块：分解电气图纸中的功能模块，理解每个模块的作用及其相互关系。

信号流：追踪电气信号的流向，理解信号处理过程和控制逻辑。

实操考核

请在智能机电设备点检实训考核系统（图 3-2-2）中选择图纸对应的选项，然后单击确定按钮。

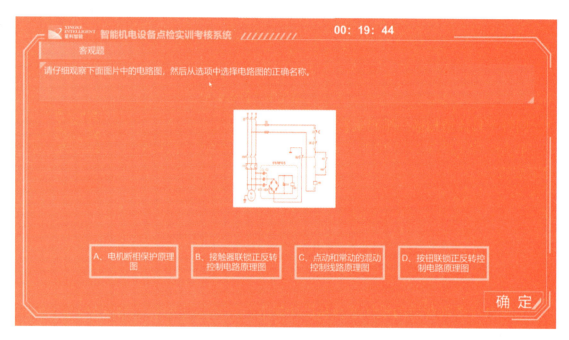

图 3-2-2   电气原理图认知

回答（具体请扫描二维码观看）：

单击题目中的选项 "A、电机断相保护原理图"，然后单击确定按钮。

实训 3   常用电气工具使用

实训目的

掌握常用电气工具的正确使用方法和维护保养知识；掌握常用电气工具的实际操作能力和安全使用知识。

 **点检要点**

点检所具备的电气测量技能包括熟练使用常用仪表，了解一般专业仪器仪表。常用仪表包括：电压表、电流表、万用表、交直流钳表、绝缘摇表、漏电检测器。常用仪器、仪表使用要点如下。

1. 电压表

在线测量时，应注意与测量端的绝缘距离。

2. 电流表

①断电时进行接线，然后通电进行测量。
②电流表两端串接在测量电路中，接线要牢靠。

3. 万用表

①正确选用各测试挡位，合理选择量程，正确读数。
②禁止用电流挡或电阻挡测电压。

4. 交直流钳表

①测量中钳口要完全闭合。
②直流回路测量中，注意钳表的电流方向与实际电流的方向一致。

5. 绝缘摇表

①必须在停电后使用。
②使用前确认仪器正常与否，使用时保证摇速平稳，维持在 120r/min 左右。
③长距离导体、大容量电容器，测试前必须放电，测试后绝缘摇表必须在测试状态中脱离被测体，然后必须对被测体进行放电。

6. 漏电检测器

①使用前确认仪器正常与否。
②检查漏电检测器接地线是否接地。
③测量时，量程由小到大。
④关漏电检测器前，量程先回零。

实操考核

请选取正确的电气测量工具测量交流电压，并在智能机电设备点检实训考核系统（图 3-2-3）中填入测得的数值，然后单击确定按钮。

图 3-2-3　交流电压测量

回答（具体请扫描二维码观看）：

　　选取万用表，选择交流电压挡，在测量区测得交流电压为 80V，填入考核系统并单击确定。

第三部分

仪表单元

实训 1　常用仪器仪表认知识别

 实训目的

掌握常见仪器仪表的功能、参数以及使用方法，通过了解它们在电路中的作用、元件结构、工作原理来合理选择和正确使用仪器仪表进行测试与分析。

 点检要点

作为冶金设备点检的工作者，识别仪器仪表的重要性毋庸置疑。仪器仪表可从以下四点进行认知。

① 各品牌、型号元器件的认知，包含外形、结构、功能、参数及原理等。如温度仪表、集散控制系统（DCS）、压力表、物位仪表、流量仪表、称量仪表、气体分析仪表等。

② 仪表图形符号及电路的认知，包含图形符号及文字符号，如变量符号、功能符号的含义。

③ 仪表专业常用英语及缩写。

④ DCS 常用指令块的认知。

实操考核

请在智能机电设备点检实训考核系统（图 3-3-1）中选择"温度变送器"部件对应的编号，然后单击确定按钮。

回答（具体请扫描二维码观看）：

在实物供水系统中找到"温度变送器"，并查看"温度变送器"对应的编号，在考核系统中选择对应编号 009，单击确定。

动画扫一扫

图 3-3-1　检测仪表的认知

实训 2　传感与检测设备维护

 实训目的

正确维护常见的传感与检测设备。

 点检要点

传感与检测设备在工业生产、自动化控制、环境监测、医疗设备等众多领域都发挥着重要作用。常见的传感与检测设备包括温度传感器、压力传感器、位移传感器、速度传感器、加速度传感器、湿度传感器、光电传感器、流量传感器、气体传感器、图像传感器等。传感与检测设备的维护是确保其准确、可靠运行的重要工作，以下是常见的维护要点。

① 定期清洁：清除设备表面灰尘、污垢和杂物，防止影响设备的散热和正常工作。

② 检查线路：检查端子接线接触是否良好、可靠，是否有锈蚀和松动现象，电缆及电缆保护管是否完好。

③ 校准与校验：按照规定的时间间隔和标准，对设备进行校准和校验，以保证测量的准确性。

④ 传感器防护：对于暴露在恶劣环境中的传感器，要采取适当的防护措施，如防水、防尘、防腐蚀等。

⑤ 预防性维护：制定预防性维护计划，包括定期检查、保养和更换易损部件。

实操考核

请对智能机电设备点检实训考核系统（图 3-3-2）中题目做出正确判断，然后单击确定按钮。

图 3-3-2　传感器与检测设备的维护

回答（具体请扫描二维码观看）：

通过识读题目内容得知，应该选择选项"A、正确"，单击确定。

［1］ 张福臣 . 液压与气压传动 [M]. 北京：机械工业出版社，2016.

［2］ 刘建明，何伟利 . 液压与气压传动 [M]. 北京：机械工业出版社，2019.

［3］ 黄志坚 . 液压系统典型故障治理方案 200 例 [M]. 北京：化学工业出版社，2011.

［4］ 张利平 . 液压元件与系统故障诊断排除典型案例 [M]. 北京：化学工业出版社，2011.

［5］ 黄志坚 . 液压故障速排方法、实例与技巧 [M]. 北京：化学工业出版社，2011.

［6］ 强生泽，杨贵恒，贺明智 . 电工实用技能 [M]. 北京：中国电力出版社，2015.

［7］ 王庆有 . 图像传感器应用技术 [M]. 北京：电子工业出版社，2003.

［8］ 浣喜明，姚为正 . 电力电子技术 [M]. 北京：高等教育出版社，2021.

［9］ 单海欧，刘晓琴 . 电力电子变流技术 [M]. 北京：中国石化出版社，2017.

［10］ 刘介才 . 工厂供电 [M]. 北京：机械工业出版社，2015.

［11］ 袁晓东 . 机电设备安装与维护 [M].2 版 . 北京：北京理工大学出版社，2014.

［12］ 李葆文 . 现代设备资产管理 [M]. 北京：机械工业出版社，2009.

［13］ 张友诚 . 现代企业设备管理 [M]. 北京：中国计划出版社，2006.

［14］ 张翠凤 . 机电设备诊断与维修技术 [M].2 版 . 北京：机械工业出版社，2011.

［15］ 蒋立刚，张成祥 . 现代设备管理、故障诊断及维修技术 [M]. 哈尔滨：哈尔滨工程大学出版社，2010.

［16］ 杨志伊 . 设备状态检测与故障诊断 [M]. 北京：中国计划出版社，2007.

［17］ 郁君平 . 设备管理 [M]. 北京：机械工业出版社，2011.

［18］ 张孝桐 . 设备点检管理手册 [M]. 北京：机械工业出版社，2013.

［19］ 李葆文 . 设备管理新思维新模式 [M]. 北京：机械工业出版社，2019.

［20］ 蒋立刚，陈再富 . 冶金机械设备故障诊断与维修 [M]. 北京：冶金工业出版社，2015.

［21］ 张群生 . 液压与气压传动 [M]. 北京：机械工业出版社，2019.

［22］ 全国液压气动标准化技术委员会 . 流体传动系统及元件　图形符号和回路图　第 1 部分：图形符号：GB/T 786.1—2021[S]. 北京：中国标准出版社，2021.

［23］ 中华人民共和国住房和城乡建设部 . 电气装置安装工程　低压电器施工及验收规范：GB 50254—2014[S]. 北京：中国计划出版社，2014.

［24］ 中华人民共和国住房和城乡建设部 . 电气装置安装工程　电气设备交接试验标准：GB 50150—2016[S]. 北京：中国计划出版社，2016.

［25］ 朱丽琴，李剑 . 液压与气动技术 [M].2 版 . 北京：化学工业出版社，2025.